Kerstin Friedrich

Empfehlungsmarketing

Kerstin Friedrich

Empfehlungs- marketing

Neukunden gewinnen zum Nulltarif

- ▶ Spitzenleistungen entwickeln
- ▶ Weiterempfehlungen auslösen
- ▶ Beziehungsnetzwerke aufbauen und nutzen

5. Auflage

Bibliografische Information Der Deutschen Bibliothek

Die Deutsche Bibliothek verzeichnet diese Publikation in der
Deutschen Nationalbibliografie; detaillierte bibliografische
Informationen sind im Internet über http://dnb.ddb.de abrufbar.

ISBN 3-89749-467-1

5. Auflage

Lektorat: Ute Flockenhaus, Fischerhude und Koemmet Agentur für
Werbung, Wuppertal
Umschlaggestaltung: +malsy Kommunikation und Gestaltung,
Bremen
Illustrationen: Julia da Franca, Trebel
Satz und Layout: Koemmet Agentur für Werbung, Wuppertal
Druck und Verarbeitung: Salzland, Staßfurt

www.gabal-verlag.de

Vorwort

Haben Sie sich schon einmal gefragt, wie viele Neukunden in den letzten Monaten über positive Empfehlungen zu Ihnen gekommen sind? Oder wissen Sie, wie viele Ihnen aufgrund negativer Mundpropaganda abhanden gekommen sind? Ganz bestimmt mehr, als Sie vermuten, egal, in welcher Branche Sie tätig sind. Wenn Sie heute schon von der Macht der Empfehlung überzeugt sind, aber nicht wissen, wie Sie dies effektiv in Ihrem Unternehmen einführen sollen, so haben Sie jetzt mit Kerstin Friedrichs Buch „Empfehlungsmarketing" die Antwort dazu in der Hand.

Das Verkaufen per „Hardselling" ist tot – es lebe das neue Marketing per Beziehungsmanagement und via Mundpropaganda. Warum? Der informationsüberlastete Kunde ist immer weniger bereit, sich einen Überblick im Meer der Anbieter zu verschaffen und den vollmundigen Werbeversprechungen zu glauben. Der beste Vertreter und die beste Werbung sind darum heute mehr denn je begeisterte Kunden, die unaufgefordert und völlig kostenlos Werbung machen, was natürlich nicht bedeutet, dass die klassische Werbung tot ist!

Kerstin Friedrich ist es gelungen, das Thema „Empfehlungsmarketing" erstmals ganz systematisch darzustellen: angefangen damit, wie man Kunden mit empfehlenswerten Leistungen begeistert, über Tipps und Tricks, wie man Kunden zu positiver Mundpropaganda bringt, bis zur Fähigkeit, Empfehlernetzwerke aufzubauen und zu pflegen. Und das Beste daran: Statt grauer Theorie gibt es hier Praxiswissen pur, das jeder sofort und mit verhältnismäßig geringem Aufwand in die Tat umsetzen kann. Mehr Anziehungskraft kann jeder für sich oder sein Unternehmen entwickeln – und wie man am besten und einfachsten damit beginnt, lesen Sie in diesem höchst unterhaltsamen Leitfaden.

Eines steht fest: Dieses Buch werden Sie ganz sicher Ihren Geschäftsfreunden empfehlen. Viel Spaß bei der Lektüre!

Max Worcester
Frankfurter Allgemeine Zeitung GmbH
Informationsdienste

Inhaltsverzeichnis

Darum ist Empfehlungs-marketing interessant für Sie

Herzlichen Glückwunsch! Sie haben beschlossen, sich mit dem schwierigsten, aber zugleich effizientesten und preiswertesten aller Marketinginstrumente auseinander zu setzen: der Empfehlung.

Immer mehr Menschen leben von Empfehlungen

Höchstwahrscheinlich gehören auch Sie zu der wachsenden Zahl von Menschen, deren geschäftliches Wohl und Wehe davon abhängt, wie über sie und ihre Leistungen gesprochen wird: Sie sind Arzt oder Rechtsanwalt, Handwerker oder Gastronom, Unternehmensberater oder Filmproduzent ... die Liste ließe sich endlos fortsetzen. Denn nicht nur Dienstleister, sondern auch Industrieunternehmen leben zu einem ganz beträchtlichen Maße davon, was über ihre Produkte und ihren Service geredet wird. *Regis McKenna*, Ex-Marketingchef der Computerfirma *Apple*, behauptet beispielsweise, dass heute kein Computer mehr verkauft werde, ohne dass der Käufer zuvor in seinem Bekanntenkreis eine Referenz eingeholt habe.

Testen Sie sich selbst!

Testen Sie sich selbst: Wie oft sind Sie auf eine Empfehlung hin ins Kino gegangen, haben ein Buch gekauft oder ein bestimmtes Urlaubshotel gebucht? Was haben Sie getan, als Sie für ein sehr kompliziertes Problem einen spezialisierten Rechtsanwalt

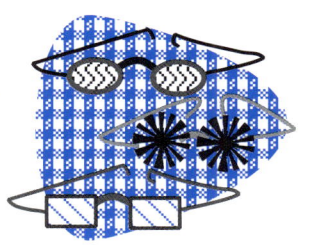

brauchten? Was taten Sie, als Sie mit dem Gedanken spielten, einer Beratungsgesellschaft einen wichtigen Auftrag zu erteilen? Sie haben mit größter Wahrscheinlichkeit in Ihrem geschäftlichen oder privaten Bekanntenkreis nach einem Tipp gesucht. Was tut man, wenn man plötzlich merkt, dass man eine Brille braucht? Man fragt einen befreundeten Brillenträger, ob er einen bestimmten Augenarzt und einen Optiker empfehlen kann – aber nur dann, wenn dieser Mensch eine besonders schöne Brille trägt.

,,Empfehlungen und Mundpropaganda sind die mächtigste Form der Kommunikation in der Geschäftswelt."

Regis McKenna

Das erfolgreichste Unternehmen aller Zeiten in Sachen Empfehlung und Mundpropaganda ist wohl die Musiktauschbörse Napster: Das Internet-Unternehmen hatte in seinen Glanzzeiten 40 Millionen ,,Kunden" gewonnen, ohne auch nur einen einzigen Dollar in Anzeigen oder Mailings gesteckt zu haben. Selbst in der Endphase des Booms kamen monatlich noch immerhin noch 200.000 dazu. Ins Gespräch kommt man immer dann ganz von allein, wenn:

Ins Gespräch kommen

► … man etwas hat, das äußerst selten und/oder absolut innovativ ist und zugleich einen extrem hohen Nutzen bietet - siehe Napster
► … man etwas hat, das sehr dringend benötigt wird. Man denke an die Zeiten der Rationierung in den Kriegszeiten, in denen es sich stets mit Windeseile herumsprach, wenn es irgendwo etwas zu kaufen gab.

9

▶ ...wenn man mit seinen Produkten die Sensations- und Tratschgier befriedigt – die mit immer wieder neuen Tabubrüchen arbeitenden Gruselshows der Privatsender sind dafür ein unschönes Beispiel.

Und wenn Sie alles das nicht haben? Wahrscheinlich gehören Sie – wie 99,9 Prozent aller Unternehmer – zu Letzteren, denn ansonsten würden Sie dieses Buch vermutlich nicht lesen. Doch keine Angst. Empfehlungsmarketing können Sie auch dann betreiben, wenn Sie etwas mehr oder weniger Normales im Angebot haben. Sie müssen lediglich die Spielregeln kennen und mitspielen.

Warum wird das Empfehlungsmarketing immer interessanter?

Das Schöne am Empfehlungsmarketing ist, dass es für alle drei an diesem „Spiel" beteiligten Parteien von Vorteil ist: für den Empfehler, für den potenziellen Kunden und für das empfohlene Unternehmen beziehungsweise Produkt:

Da wäre zuerst der potenzielle Kunde, also derjenige, der um eine Empfehlung bittet oder diese unaufgefordert erhält. Er ist aus folgenden Gründen an einer Empfehlung interessiert:

1. Keiner blickt mehr durch – die Informationskosten steigen rasant.

Nie zuvor in der Geschichte der Menschheit gab es so viele Anbieter, Produkte und Dienstleistungen auf dem Markt – und täglich werden es mehr. Auf manchen Märkten ist es für den Käufer praktisch unmöglich geworden, sämtliche Vor- und Nachteile aller Anbieter gegeneinander abzuwägen – man denke beispielsweise nur an den Versicherungsmarkt. Weil der potenzielle Kunde ohnehin weiß, dass er niemals die Zeit erübrigen kann und will, um die Vor- und Nachteile sämtlicher Produkte gegeneinander abzuwägen, wählt er

- ▶ entweder den bekanntesten Anbieter, der die größte Sicherheit verspricht
- ▶ zufällig den Ersten, der ihm über den Weg läuft, oder
- ▶ denjenigen, der ihm empfohlen wurde.

2. „Keine Werbung bitte" – die Kommunikationskanäle sind „dicht".

Schon an den Briefkästen steht es geschrieben: Die Menschen ersticken in Informationen und wollen von Anzeigen, Werbespots und Mailings verschont bleiben. Rund 98 Prozent aller Informationen, mit denen wir täglich konfrontiert werden, rauschen ungenutzt an uns vorbei. Immer greller, immer lauter, immer origineller muss der (Werbe-)Auftritt sein, damit die Message beim Adressaten ankommt. Hier ein paar Zahlen aus der Marktforschung, die einen Controller eher depressiv stimmen könnten:

- ▶ Rund 50 Prozent der Werbeanstrengungen für Markenartikel verpuffen wirkungslos
- ▶ mehr als 99 Prozent aller Mailings landen im Papierkorb – Responsequoten von weniger als einem Prozent gelten durchaus als „normal"

Wenn Sie sich aus diesem Marktschreier-Wettbewerb ausklinken wollen, tun Sie gut daran, sich einen ganz neuen Werbepartner zu suchen: begeisterte Kunden, die Ihre Leistungen völlig kostenlos ihren Freunden, Bekannten und Geschäftspartnern ans Herz legen.

3. „Bloß kein Risiko eingehen" – das Sicherheitsbedürfnis dominiert uns.

Die Sehnsucht nach Sicherheit ist uns schon vor Millionen Jahren in die Wiege gelegt worden: Im Laufe der Evolution wurden wir in erster Linie auf Selbsterhalt programmiert. Wir kämpfen heute zwar nicht mehr um das elementare Überleben – dennoch wollen wir bei allen Entscheidungen, die wir im Laufe des Tages treffen, möglichst auf der sicheren Seite stehen –, und das gilt insbesondere für Kaufentscheidungen. Wegen des unüberschaubaren Wirrwarrs von Anbietern und Produkten suchen die meisten Menschen nach Anhaltspunkten und Orientierungsmöglichkeiten. Diese finden sie beispielsweise in Markennamen, denn mit einem etablierten Produkt steht man vermeintlich immer auf der sicheren Seite. Denn Marken versprechen Sicherheit. McDonald's beispielsweise verkauft seinen Kunden nicht nur Hamburger, sondern in erster Linie die Gewissheit, in Tokio, Moskau oder Bad Berleburg stets die gleiche Qualität und das gleiche Ambiente vorzufinden. Gibt es unter diesen Bedingungen überhaupt noch Chancen für innovative Newcomer, denen keine Millionenetats zur Verfügung stehen? Natürlich: indem sie über persönliche Referenzen und Empfehlungen Vertrauen in ihre Produkte und in ihr Unternehmen aufbauen.

4. „Ich verlass mich ganz auf mein Gefühl" – Kaufentscheidungen werden emotional getroffen.

Nur 20 Prozent des Entscheidungsprozesses werden nach rationalen Kriterien (Preis, Lebensdauer etc.) getroffen – zu 80 Prozent ausschlaggebend sind die

Gefühle, die das Produkt/die Dienstleistung/der Verkäufer/das Unternehmen auslösen. Neben Design, Image und anderen Kriterien auf der emotionalen Seite ist die Beziehung, die der Kunde zum Lieferanten aufbaut, enorm wichtig für den Entscheidungsprozess. Das gilt selbst auf dem Investitionsgütermarkt. Geschäfte werden zwischen Menschen abgeschlossen. „Bevor ich mit dir Geschäfte mache, will ich dein Freund sein", sagt ein japanisches Sprichwort. Wenn zwischen Geschäftspartnern auch die emotionale Beziehung stimmt, ist die beste Voraussetzung für eine erfolgreiche Zukunft (und eine Weiterempfehlung) gegeben. Nicht umsonst konzentrieren sich Verkaufstrainings heute sehr stark darauf, den Käufer zunächst einmal emotional zu gewinnen. Dabei bedient man sich unzähliger Methoden, um Persönlichkeitsprofile zu entschlüsseln, um Zugang zu den Gefühlen des anderen zu gewinnen. Fest steht: Wem es gelingt, eine positive emotionale Beziehung zum Kunden aufzubauen, hat die beste Voraussetzung für einen erfolgreichen Abschluss – und vor allem für eine dauerhafte Geschäftsbeziehung und eine Weiterempfehlung – geschaffen.

5. „Das verstehe ich nicht!" – viele Leistungen lassen sich nicht mit konventionellen Methoden verkaufen.

Wenn Sie zu denjenigen Menschen gehören, die ein sehr erklärungsbedürftiges und komplexes Produkt zu vermarkten haben, dann wissen Sie, wie schwierig es ist, dies mit Marketinginstrumenten wie Anzeigen, Prospekten oder Mailings zu realisieren. Das gilt besonders für

► know-how-intensive Leistungen (z. B. Software-Engineering),

▶ solche, die eine starke Vertrauensbeziehung erfordern (Unternehmensberatung),

▶ Leistungen, für die man nicht werben darf (Ärzte, Rechtsanwälte).

Ein Auto kann man ohne großen Aufwand Probe fahren, bei einem Unternehmensberater kann schon ein Test sehr teuer und zeitaufwendig sein – und letzten Endes auch nicht alle Risiken ausschließen. Gerade in den „reifen'' Industrienationen boomt das Angebot an know-how-intensiven Dienstleistungen, die ganz spezielle Vermarktungsmethoden brauchen. Generell gilt:

Je unsicherer der potenzielle Käufer ist (sei es, weil er den Nutzen des Produktes nicht erkennen kann oder weil die Investition hohe Folgekosten nach sich zieht), desto wichtiger ist eine Empfehlung durch eine Person, der man vertraut.

Auch der Empfehler profitiert davon, wenn er eine Empfehlung ausspricht

Auch der zweite „Mitspieler'', nämlich der Empfehler, profitiert davon, wenn er eine Empfehlung ausspricht. Es ist darüber hinaus sogar ein ganz natürliches menschliches Bedürfnis, anderen durch eine Weiterempfehlung (oder durch andere Dinge) zu helfen. Das hat vor allem zwei Ursachen, die im Kern auf ein und demselben Grundbedürfnis basieren: dem Wunsch nach Aufmerksamkeit.

▶ Menschen helfen gern und geben mit Vorliebe Ratschläge – das heißt, sie versorgen andere ungefragt mit Informationen und Tipps, wenn sie glauben, dass es dem anderen etwas nutzt.

▶ Menschen brauchen Anerkennung – das heißt, sie empfehlen etwas Gutes nicht nur, um dem anderen zu helfen, sondern auch, um Dankbarkeit zu ernten.

Und natürlich hat auch der Dritte im Bunde, das Unternehmen, Interesse daran, empfohlen zu werden: Statt mit viel Geld und Zeitaufwand auf die Jagd nach Neukunden zu gehen, ist es natürlich viel schöner, wenn diese per Empfehlung sozusagen frei Haus geliefert werden.

Sie können noch so viel Geld in „klassische" Werbung investieren – ob Sie langfristig Erfolg haben werden oder nicht, entscheidet die Art und Weise, wie und was über Sie und Ihr Unternehmen gesprochen wird. Die meisten Menschen glauben, dass sie nicht entscheiden können, ob und wie über sie geredet wird – ansonsten ist kaum zu erklären, warum sich lediglich die so genannten Strukturvertriebe – also Organisationen, die ihre Produkte wie Versicherungen, Kosmetik oder Kochtöpfe in den Wohnzimmern der Kunden verkaufen – professionell Gedanken darüber machen, wie man durch Weiterempfehlungen Neukunden gewinnt.

Für langfristige Erfolge ist positive Mundpropaganda unerlässlich

Eines ist klar: Kein Mensch verfügt über einen Schalter, auf den Sie nur zu drücken brauchen, damit dieser positiv über Sie und Ihr Unternehmen spricht. Aber es ist keine besonders große Kunst, zu verstehen, wie Menschen „ticken" und wie Sie sich zu verhalten haben, damit die Wahrscheinlichkeit einer Empfehlung steigt.

In diesem Buch werden Sie *nichts* über folgende Praktiken des Empfehlungsmarketings lesen:

Was Sie in diesem Buch nicht finden

Druck ausüben.

Die „Struckis" leben nämlich in erster Linie davon, dass sie den Kunden sofort nach dem Geschäftsabschluss dazu nötigen, Namen und Telefonnummern aus dem Bekanntenkreis preiszugeben, aus denen der Verkäufer neue Kontakte gewinnt („Ich rufe auf Empfehlung Ihres Freundes Rudi an ...").

Geld und Geschenke anbieten.

Auch die Bemühungen, über Werbeprämien und Empfehlungsgeschenke neue Kunden zu gewinnen, hat mit Empfehlungsmarketing, wie es in diesem Buch verstanden wird, wenig zu tun. Dass man sich bei einem Empfehlenden für einen erfolgreichen Geschäftsabschluss bedankt, ist selbstverständlich, aber die Aussicht auf eine Prämie sollte nicht die Motivation für die Empfehlung sein. Menschen helfen gern und erteilen gern Ratschläge – und genau diese Eigenschaften kann man sich im Rahmen des Empfehlungsmarketings zunutze machen.

Druck und materieller Gewinn sind schlechte Motivatoren

Der Empfehler soll nicht tätig werden, weil Druck auf ihn ausgeübt wird oder weil er sich einen materiellen Gewinn davon verspricht, sondern weil er Ihnen oder Ihrem Unternehmen und/oder demjenigen, dem er Ihre Dienstleistung oder Ihre Produkte ans Herz legt, etwas Gutes tun möchte.

Empfehlungsmarketing besteht aus zwei Elementen:

1. Die bewusste Steuerung von Empfehlungen und die Vermeidung negativer Mundpropaganda.

2. Das Herstellen persönlicher, vertrauensvoller Beziehungen zu Kunden, Meinungsführern und Kooperationspartnern.

Auf den folgenden Seiten erfahren Sie, wie Sie diese Elemente in Ihrem Unternehmen anwenden können:

► Wie Sie Leistungen entwickeln können, von denen Ihre Kunden wahrhaft begeistert sind und die sie in ihrem Beziehungsnetzwerk weiterempfehlen.

► Wie Sie es fertig bringen, positiv ins Gespräch zu kommen.

► Wie Sie auch aus unzufriedenen Nörglern einen engagierten Stammkunden und Weiterempfehler gewinnen.

► Mit welchen Methoden Sie eine Empfehlung unterstützen können.

Der Untergang von Unternehmen wird nicht durch eine gewaltige, blutige Palastrevolution heraufbeschworen, sondern durch einen langsamen und vorsätzlichen Selbstmord durch ihre Einstellung und ihr Verhalten gegenüber den Kunden.

Jerry Wilson

Welche Voraussetzungen müssen erfüllt sein, um Empfehlungsmarketing betreiben zu können? Nur drei:

Drei Voraussetzungen

1. Sie müssen eine empfehlenswerte, also sehr gute Leistung anbieten. Das klingt banal, wird aber gern ausgeblendet, wenn man sich mit Empfehlungsmarketing beschäftigt. Eine gute Leistung ist die notwendige Bedingung für eine Empfehlung – aber leider noch keine hinreichende.

2. Sie müssen die Mechanismen durchschauen, die hinter einer Empfehlung stecken. Wie Sie auf den Seiten 54 bis 71 erfahren werden, ist dies der einfachste Teil des Empfehlungsmarketings.

3. Sie müssen beziehungsfähig sein. Je mehr Vertrauen Ihr Kunde in Ihre Leistungen investieren muss, desto stärker müssen die emotionalen Faktoren stimmen. Das Gleiche gilt, wenn Ihre Leistungen auf der „Sachebene" relativ austauschbar sind. Je zwingender dagegen der Nutzen ist, den Sie Ihrem Kunden bieten, desto weniger interessieren ihn die Randbedingungen.

Beispiel: Ein Medikament gegen Aids könnte man in Toilettenpapier einwickeln, und es würde dem Anbieter dennoch aus den Händen gerissen – ganz egal, ob der Verkäufer charmant, schlafmützig oder widerwärtig wäre. Aber wer verfügt schon über ein Produkt mit derartigen Alleinstellungsmerkmalen? Früher war es verpönt, mit dem berühmten „Vitamin B", den Beziehungen, und mit Hilfe von Seilschaften zum Geschäftsabschluss zu kommen. Heute gehört es zum Basiswissen, wie man die eigenen Netzwerke und die von Freunden und Geschäftspartnern nutzt, um schneller voranzukommen – sei es, um gemeinsam Spitzenleistungen zu entwickeln oder um zu verkaufen.

So gehen Sie weiter vor:

Wenn Sie der Meinung sind, dass Sie bereits über eine empfehlenswerte Leistung verfügen, konzentrieren Sie sich auf die Kapitel 3 bis 6, in denen es um die Empfehlungsmechanismen und den Aufbau von Beziehungen und Netzwerken geht. Ansonsten arbeiten Sie systematisch alle Kapitel der Reihe nach durch. Am Ende finden Sie jeweils eine Reihe von Arbeitsfragen, die Ihnen helfen, sofort praxistaugliche und umsetzbare Maßnahmen zu entwickeln, sowie eine Zusammenfassung des Kapitels.

Das Wichtigste in Kürze:

Die Neukundengewinnung über Empfehlungen ist für Sie wichtig,

- *wenn es für Ihre Kunden schwierig ist, sich einen Überblick über alle am Markt befindlichen Anbieter und Produkte zu verschaffen,*
- *wenn Sie über sehr erklärungsbedürftige Leistungen verfügen, die sich mit „normalen" Werbemaßnahmen nur schlecht verkaufen lassen,*
- *wenn Ihre Geschäftsbeziehungen eine sehr starke Vertrauensstellung erfordern.*

Empfehlungsmarketing beruht auf drei Elementen:

- *der Schaffung empfehlenswerter Leistungen,*
- *der Nutzung der Empfehlungsmechanismen,*
- *dem Aufbau und der Pflege von Empfehlernetzwerken.*

Über diese Empfehlungsinstrumente werden Sie in diesem Buch nichts erfahren:

- *das Ausüben von Druck auf den Kunden,*
- *materielle Anreize als Auslöser von Empfehlungen.*

So schaffen Sie empfehlenswerte Spitzenleistungen

David Ogilvy, einer der „Päpste" der Werbeszene, schreibt in seinem Buch „Über Werbung": *„Mich hat stets von neuem überrascht, wie gering das Interesse von Produktmanagern an der Verbesserung ihrer Produkte ist."* Auf die Empfehlungswerbung bezogen könnte man auch sagen: Es ist höchst erstaunlich, wie wenig Wert auf eine wirklich empfehlenswerte Leistung gelegt wird und wie sehr sich die Empfehlerwerbung auf Techniken und Methoden konzentriert.

Auf die Strategie kommt es an!

Wer wirklich erfolgreich werden will durch Empfehlungsmarketing, muss eine empfehlenswerte Leistung anbieten. Das klingt höchst einleuchtend und banal, ist im Detail aber nicht ganz so leicht umzusetzen – vor allem dann nicht, wenn man über keine geeignete Strategie verfügt. Wer blindlings alles Mögliche verbessert, vergeudet seine Kräfte, bekommt zu wenig positive Rückmeldung von seiner Umwelt und resigniert schließlich, weil sich der Aufwand nicht gelohnt hat. So verfestigen sich dann Ansichten wie

- ► „Das geht nicht."
- ► „Unsere Kunden honorieren keinen Service, sondern kaufen nur nach dem Preis."

▶ „Wir haben schon alles versucht, aber gegen die Konkurrenz können wir nichts machen."
▶ „Unsere Lage ist schlecht!"

und andere Killer-Phrasen.

Wenn Sie nicht genau wissen, wie Sie bei Ihrer Zielgruppe zur Nummer eins werden und Ihre Kunden zu begeisterten Fans machen, dann sollten Sie dringend über Ihre Strategie nachdenken.

„Eine Strategie brauche ich nicht – ich brauche mehr Umsatz und mehr Kunden" werden Sie jetzt vielleicht einwenden. So wie Sie denken viele: Mehr als 90 Prozent aller Unternehmer und Selbstständigen haben keine Strategie, also keine klare Vorstellung davon, wie und wofür sie ihre Kräfte einsetzen sollen. Wer aber über keine exakte Zielvorstellung verfügt, kann auch nicht zielgerichtet handeln.

90 Prozent aller Unternehmer haben keine exakten Ziele

Eine verbreitete Strategie ist die „Schulstrategie" – Konzentrieren auf das, was man nicht besonders gut kann. Man schaut seine eigenen mangelhaften Leistungen an – am besten gemessen an denen der Konkurrenz – und versucht, es dem Klassenbesten nachzumachen. Neudeutsch nennt man diese Strategie auch „Benchmarking". Dabei werden zwar unter Umständen die wirklich guten Leistungen zum Mittelmaß (weil man sich auf die schlechten konzentriert und das, was gut läuft, vernachlässigt), aber immerhin hat man sich bemüht, wirklich gut zu werden. Das Resultat solcher ungezielten Innovationen ist allenfalls besserer Durchschnitt – zu wenig, um Spitze zu werden.

Ungezielte Innovation bringt keine Spitzenleistung

So entwickeln Sie Spitzenleistungen

Wenn Sie sich vorgenommen haben, der oder die Beste zu werden und Ihren Kunden eine einzigartige, empfehlenswerte Leistung zu bieten, so ist dies schon der erste Schritt zum Erfolg. Wie die Beispiele gezeigt haben ist der Wille allein aber noch keine Garantie für eine sehr gute Leistung, sondern führt manchmal direkt in die Verzettelung und in die Durchschnittlichkeit – über die natürlich niemand positiv redet.

„Für ein Schiff ohne Hafen ist kein Wind der richtige."

Seneca

Die Engpass-konzentrierte Strategie (EKS)

Wie man auch mit sehr begrenzten Kräften Spitzenleistungen entwickeln und mit entsprechendem Ehrgeiz sogar nationaler oder internationaler Marktführer werden kann, hat niemand besser und einfacher beschrieben als der Frankfurter Systemforscher *Wolfgang Mewes* in seiner *Engpass-konzentrierten Strategie (EKS)*, die nach wie vor als Geheimtipp unter den Strategielehren gilt.

Die Grundregel Nummer 1 des Erfolges lautet demnach: Konzentration und Spezialisierung auf ganz bestimmte Zielgruppen und deren Probleme.

Nur der Spezialist kann Spitze werden

Nur die bedingungslose Konzentration und Spezialisierung führen zu Spitzenleistungen. Sportler veranschaulichen das sehr eindrucksvoll: Sie sind – von einigen ganz wenigen Ausnahmen einmal abgesehen – auf eine Sportart spezialisiert, in der sie sich immer wieder zu neuen Höchstleistungen hochpuschen. Wer

22

heute im 10.000-Meter-Lauf antritt und morgen mit den Dreispringern um die Wette hopst, kommt nie zu seiner Goldmedaille. Das Spezialisierungsprinzip begreift man am besten am Beispiel der Zehnkämpfer. Bei der Olympiade in Athen 2004 lief der Zehnkämpfer *Brian Clay* die schnellste Zeit über 100 Meter: er benötigte genau 10,44 Sekunden für diese Distanz. Der beste Spezialist, der Goldmedaillengewinner *Justin Gatlin*, legte die gleiche Strecke in nur 9,85 Sekunden zurück. Natürlich gilt unsere Bewunderung den Zehnkämpfern, und nicht umsonst gelten sie als die Könige der Athleten. Doch in jeder der 10 Disziplinen werden sie von den jeweiligen Spezialisten locker geschlagen.Genau so ist es in der Wirtschaft: Die Zehnkämpfer – also die diversifizierten Unternehmen, die es mit einem Bündel unterschiedlichster Produkte auf allen möglichen Märkten versuchen – , bekommen immer mehr Konkurrenz durch kleinere Spezialisten, die ihnen Stück für Stück der lukrativsten Märkte abnehmen.

Sportler zeigen auch, dass Erfolg kein Zufall ist oder dass er dem jeweils Glücklichen nicht einfach so in den Schoß gefallen ist: Er ist das Ergebnis der richtigen Strategie und jahrelanger, ja manchmal jahrzehntelanger Übung. *Michael Schumacher* beispielsweise drehte schon im Alter von vier Jahren auf der väterlichen Cart-Rennbahn seine Runden. Dass er 20 Jahre später Formel-1-Weltmeister wurde, ist angesichts dieser Tatsache eigentlich kein so großes Wunder. Bei *Steffi Graf* ist es ähnlich: Kaum konnte sie im Kindergartenalter einen Tennisschläger halten, fing sie mit dem „Training" an. Bei ihr dauerte es „nur" noch fünfzehn Jahre, bis sie an der Weltspitze war. Sie können schauen, wohin Sie wollen: Ob Schachgroßmeister oder Musikgenie – die Grund-

Erfolg „erfolgt" durch konsequentes Training

voraussetzung für den Erfolg ist konsequente Spezi-alisierung und ausdauerndes Training. Natürlich braucht jeder eine gewisse Grundbegabung, um an die Spitze zu kommen. Doch manchmal ist nicht ein-mal das notwendig. Die Sprintweltmeisterin und Olympiasiegerin *Wilma Rudolph* und die 200-Meter-Weltklasseläufern *Gail Devers* litten in ihrer Kindheit unter spinaler Kinderlähmung. Allein der eiserne Wille, diese Krankheit zu überwinden, war die Basis ihrer späteren Erfolge.

Das Einzige, was Sie benötigen, um wirklich Spitze zu werden oder zumindest, um von Ihren Kunden kostenlos bei anderen weiterempfohlen zu werden, ist der Wille, es besser machen zu wollen als bis-her, und eine gewisse Ausdauer bei der Verwirk-lichung dieses Zieles. Alles andere ist eine Frage der Strategie.

Zwei Beispiele für erfolgreiche Spezialisierung

Dass man mit der richtigen Strategie selbst mit sehr begrenzten Kräften zum weltweit gesuchten Spezia-listen avancieren kann, zeigen folgende Beispiele:

Red Adair ist wohl der berühmteste und bestbezahl-te Feuerwehrmann der Welt. Er ist Spezialist für die Bekämpfung von Bränden in Öl- und Erdgasfeldern. Adair startete seine Karriere als Arbeiter auf einem Ölfeld. Als er seinen ersten Blow-out erlebte, rannte er nicht, wie die anderen, Hals über Kopf davon, son-dern er drehte einfach beherzt das Sicherheitsventil zu. Wer übermenschlichen Mut für Adairs Erfolgs-grundlage hält, wird von ihm eines Besseren belehrt. Adair behauptet, dass er nie ein unkalkulierbares Risiko eingeht, weil er sein Metier perfekt be-herrscht und weil er ein überlegenes Spezial-Know-how besitzt. In den 70er-Jahren war Red Adair auch einmal in Deutschland aktiv: Er löschte einen brennenden Erdgasspeicher in der Oberpfalz, an dem sich deutsche Spezialisten sieben Tage lang erfolglos abgemüht hatten. Adair benötigte 18 Minuten und kassierte damals 1,6 Millionen DM. Ein besseres Beispiel für die Macht und Überlegenheit des Spezialisten gibt es kaum.

Der Hamburger Rechtsanwalt *Matthias Prinz* avancierte binnen weniger Jahre zum Top-Spezialisten für Opfer von Presseverleumdungen. In diesem Metier kannte er sich bestens aus, war doch sein Vater „Spezialist" für Boulevardjournalismus. Prinz, der sich konsequent der Opfer der Yellow Press annimmt, vertrat unter anderem Julius Hackethal, Claudia Schiffer und Justus Frantz. Bundesweit Schlagzeilen machte Prinz, als er für Caroline von Monaco ein Rekord-Schmerzensgeld vom Burda Verlag erstritt. Die monegassische Prinzessin kam übrigens auf Empfehlung von Karl Lagerfeld in die Kanzlei von Prinz.

Das Prinzip, das hinter diesen Erfolgsfällen steht, ist stets das gleiche: Konzentration auf ganz besonders wichtige, genau definierte Probleme. Solche Spitzenpositionen kann prinzipiell jeder erreichen – egal, ob es sich um ein Mini-Unternehmen oder einen Konzern handelt.

Konzentration auf spezielle Probleme

Möchten auch Sie den ersten Schritt tun, um mit Ihren Leistungen Ihre Kunden zu begeistern, und möchten Sie von ihnen bedingungslos weiterempfohlen werden? Dann arbeiten Sie bitte die folgenden Seiten aufmerksam durch. Am Ende jedes Arbeitsschrittes finden Sie eine Liste von Fragen. Arbeiten Sie diese Fragen bitte *schriftlich* aus! Kein Mensch ist in der Lage, eine Spitzenleistungsstrategie einfach so „im Kopf" zu entwickeln. Das Gleiche gilt übrigens für alle Arbeitsschritte, die noch in diesem Buch folgen:

Arbeiten Sie stets schriftlich!

Am Anfang jedes Konzeptes stehen schriftliche Notizen. Fangen Sie also gleich damit an, damit keine Ihrer Ideen in Vergessenheit gerät.

Auf den folgenden Seiten finden Sie die ersten fünf Schritte zu uneingeschränkt empfehlenswerten Leistungen:

Erster Schritt:
Was können Sie am besten und wozu sind Sie am stärksten motiviert?

In diesem ersten Schritt geht es um zwei Dinge:

▶ Erstens: Sie müssen herausfinden, worin Sie (beziehungsweise Ihr Unternehmen) sich im positiven Sinne von anderen unterscheiden.

▶ Zweitens: Sie müssen herausfinden, für welche Leistungen Sie die größte Eigenmotivation mitbringen, sprich: was Sie am liebsten tun, produzieren oder kreieren möchten um bei Ihren Kunden ins Gespräch zu kommen.

Machen Sie sich Ihre Stärken bewusst!

Andere nachzuahmen und zu kopieren ist immer nur die zweitbeste Wahl. Warum wohl sollte man über Sie und Ihre Leistungen reden, wenn sie sich nicht von anderen unterscheidet? Empfehlunsmarketing setzt voraus, dass sie in den Augen der Kunden einzigartig und unverwechselbar werden. Denn um ins Gerede zu kommen, brauchen Sie eine im wahrsten Sinne des Wortes herausragende Leistung, die Sie aus der Masse der Wettbewerber abhebt und erwähnenswert macht.

Gibt es so etwas wie ein „Kochrezept", das zu Unverwechselbarkeit und Attraktivität verhilft? Ja – und es ist sogar ziemlich einfach anzuwenden. *Wolfgang Mewes* hat herausgefunden, dass jeder Mensch und jedes Unternehmen in der Kombination seiner Stärken und Eigenschaften unverwechselbar und einzigartig wie ein Fingerabdruck ist. Werden Sie sich darum im ersten Schritt erst einmal dieser Stärken bewusst. Mit der richtigen Strategie können Sie selbst aus kleinsten Wettbewerbsvorteilen eine herausragende Spitzenleistung machen. Wenn Sie allerdings selbst noch nicht wissen, was Sie im positiven Sinne von anderen unterscheidet, können das natürlich auch Ihre potenziellen Kunden nicht wissen und folglich auch nicht weitererzählen.

Häufig beginnt eine Unternehmensberatung mit einer Stärken-Schwächen-Analyse. Die Stärken werden kurz zur Kenntnis genommen, um dann daranzugehen, auf den Schwächen herumzuhacken und diese mit viel Energie- und Kapitalaufwand zu beseitigen. Vergessen Sie das. Im ersten Schritt interessieren nur das, was Sie besonders gut können und – das ist fast noch wichtiger – was Sie besonders gut können wollen. Schwächen werden nur zur Kenntnis genommen um zu untersuchen, inwieweit sich eine Stärke dahinter verbergen könnte. Beispiel: Wer schon drei Konkurse miterlebt hat, kann sein Wissen und seine Erfahrungen aus diesen leidvollen Prozessen dazu nutzen, andere vor den gleichen Fehlern zu bewahren. Aus der Schwäche wird so eine Stärke.

Wer sich allzu sehr mit seinen Schwächen beschäftigt, wird unweigerlich demotiviert und schlecht gelaunt. Wer dagegen überwiegend an seine Stärken denkt, ist in besserer Stimmung und freut sich an

Konzentrieren Sie sich auf Ihre Stärken, nicht auf Ihre Schwächen

dem, was er tut. Zur Spitzenleistung wird nur, was man gern tut. Darum vergessen Sie zunächst Ihre Schwächen und suchen Sie ausschließlich nach Stärken.

Diese Fragen helfen Ihnen jetzt weiter:

▶ *Was halten Sie für Ihre größten Stärken (denken Sie auch an immaterielle Werte wie beispielsweise Know-how)?*

▶ *Mit welchen Produkten und Leistungen haben Sie den größten Erfolg?*

▶ *Für welche Leistungen sind Sie/ist Ihr Unternehmen am besten geeignet?*

▶ *Wofür werden Sie von anderen gelobt und empfohlen?*

▶ *Warum kaufen Ihre Kunden bei Ihnen und nicht bei anderen?*

▶ *Welche außergewöhnlichen Probleme haben Sie/hat Ihr Unternehmen gelöst?*

▶ *Zu welchen Problemlösungen sind Sie (Ihre Mitarbeiter) am stärksten motiviert?*

▶ *Wie lautet Ihr Ziel (bitte keine Umsatzzahlen, sondern eine Vision davon, mit welchen Leistungen Sie sich in den nächsten fünf bis zehn Jahren profilieren wollen)?*

Wenn Sie auf einige Fragen keine Antwort geben können, fragen Sie einfach Kunden, Mitarbeiter oder Geschäftspartner, und zwar am besten die, zu denen Sie ein gutes Vertrauensverhältnis haben. Dann können Sie sicher sein, offene und ehrliche Antworten zu bekommen.

Fragen Sie andere!

Schauen Sie sich nun Ihre Stärken an. Welche halten Sie für die herausragendsten? Welche sind gemessen an den Leistungen Ihrer unmittelbaren Konkurrenten am meisten wert? Welche Eigenschaften würden Ihre Kunden für die besten halten? Letztlich ist nicht entscheidend, was Sie selbst an Ihren Leistungen außerordentlich gut finden, sondern was Ihre Umwelt darüber denkt – für die sollen Sie schließlich einen Nutzen bringen.

Meine größten Stärken/die größten Stärken meines Unternehmens:

_____

_____

_____

Zweiter Schritt: Spezialgebiet bestimmen

Schauen Sie sich nun Ihr Stärkenprofil an: Worauf wollen Sie Ihre Kräfte konzentrieren? Für welche Leistungen wollen Sie empfohlen werden? Erinnern Sie sich: Nicht der verzettelte Zehnkämpfer, sondern einzig und allein der Spezialist kann im Geschäftsleben Spitzenleistungen erbringen. Auf welchem

Marktsegment wollen und können Sie der oder die Erste werden, wenn Sie konsequent daran arbeiten und ihre Kräfte konzentrieren? Denken Sie stets daran, dass Sie Ihre Kräfte nicht streuen sollen wie die Strahlen einer Glühbirne, sondern dass Sie alle zur Verfügung stehenden Mittel nach dem Laserprinzip gebündelt auf ein Ziel richten müssen, um eine durchschlagende Wirkung zu erzielen.

Grundsätzlich kann man drei Spezialisierungsformen unterscheiden:

1. Die Primärspezialisierung.
Das ist die Spezialisierung auf ein Produkt, eine Dienstleistung, eine Methode, eine Technologie, einen Rohstoff oder ein Wissensgebiet. Beispiele für Primärspezialisierungen in der Industrie sind *Porsche* (Sportwagen) oder *BRITA* (Wasserfilter), also Unternehmen, die eine sehr enge Produktpalette haben. Zu den Primärspezialisten im Dienstleistungsbereich gehören beispielsweise Herzchirurgen, Anwälte mit Schwerpunkt Aktienrecht oder NLP-Trainer.

2. Die Problemspezialisierung.
Darunter versteht man die Spezialisierung auf ein Problemfeld oder ein bestimmtes Bedürfnis. Beispiele sind *ALDI* (gute Qualität zum kleinen Preis), *Würth* (Befestigungsmittel) oder *Kärcher* (Reinigungsgeräte). Im Dienstleistungsbereich zählen zu den Problemspezialisten zum Beispiel Unternehmensberater mit Schwerpunkt Facility-Management von Produktionsanlagen, Steuerberater mit einer Spezialisierung auf Existenzgründer oder Heilpraktiker, die sich auf Allergieerkrankungen konzentrieren.

3. Die Zielgruppenspezialisierung.

Hierunter fallen alle Problemspezialisten, die sich darüber hinaus auf klar definierte Zielgruppen konzentrieren. Bestes Beispiel dafür ist der Finanzdienstleister MPL, der sich auf junge Ärzte und Zahnärzte, die vor der Existenzgründung standen, spezialisiert hatte. Allerdings auch ein Exempel dafür, wie schnell es mit der Bilderbuchkarriere vorbei sein kann, wenn man den „Fokus" verliert (hier: die Ausdehnung der Zielgruppe auf „jedermann").

Wenn Sie befürchten, Ihr Wissen und Ihre Erfahrungen reiche nicht aus für eine Spezialisierung, so täuschen Sie sich: Wenn Sie sich mit Engagement einer bestimmten Aufgabe widmen, entstehen automatisch Lerngewinne, und zwar gleichgültig, mit welchem Wissen Sie starten. Diese Lerngewinne können zu einer herausragenden Stärke werden, wenn sie konsequent und logisch aufeinander aufbauen. Wenn Sie sich hingegen heute dieser und morgen jener Aufgabe widmen, können Sie zwar auf vielen Gebieten einigermaßen mithalten, aber nicht wirklich herausragend werden. Je unbedeutender die Stärken, desto besser müssen Sie Ihre Kräfte ausrichten. Vergessen Sie bitte umgehend Killerphrasen wie „Was Hänschen nicht lernt, lernt Hans nimmer mehr". Auch wenn Sie weit jenseits der 50 sind, steht einer strategischen Neuorientierung nichts im Wege.

Lerngewinne durch gezieltes Engagement

Diese Fragen bringen Sie jetzt weiter:

► *Welche Spezialisierungsmöglichkeiten (Primär-, Problem- oder Zielgruppenspezialisierung) ergeben sich unmittelbar aus der Stärkenanalyse?*

► *Welche Spezialisierungsmöglichkeiten ergeben sich aus der Kombination einzelner Stärken?*

► *Welche Leistung kann zur empfehlenswerten Spitzenleistung werden, wenn Sie sich konsequent darauf spezialisieren?*

► *Welchen Nutzen können Sie Ihren Kunden bieten?*

► *Wenn Sie sicher wären, nicht scheitern zu können – was würden Sie dann für Leistungen anbieten?*

► *Mit welchen Leistungen können Sie relativ schnell Marktführer werden?*

► *Für welche Leistungen ist die Nachfrage am größten?*

Auswertung

Betrachten Sie nun alle Antworten und stellen Sie sich drei Fragen:

1. Auf welche Leistung würden Sie sich am liebsten konzentrieren?

2. Welche Leistungen entsprechen Ihren speziellen Stärken am meisten?

3. Welche Leistung stößt auf die größte Nachfrage?

Legen Sie nach dieser Bewertung intuitiv fest, welche Leistung Sie zur empfehlenswerten Spitzenleistung machen werden. Es ist diejenige, bei der Sie die stärkste Eigenmotivation verspüren (Lustprinzip) und bei der zugleich der Nutzen, den Sie anderen bieten können, am größten ist.

Ihr Spezialgebiet: Lieblingstätigkeit und größter Bedarf

Dritter Schritt: Zielgruppen finden

In diesem Schritt geht es darum, für Ihre Leistungen die beste Zielgruppe zu finden. Sehr viele Leistungen eignen sich für unendlich viele verschiedene Menschen mit sehr unterschiedlichen Wünschen und Bedürfnissen. Beispiel: Wer ein Restaurant besitzt, kann praktisch jeden Menschen als potenziellen Gast ansehen, der einigermaßen gerade auf dem Stuhl sitzen und sein Besteck halten kann. Normalerweise begnügt man sich dann damit, die Kunden nach formalen Kriterien wie Kaufkraft oder Ähnlichem einzugrenzen, also danach, was man von ihnen erwarten kann. Wer bereit ist, im Spitzenrestaurant eine spitzenmäßige Rechnung zu bezahlen, gehört zur Zielgruppe – der Rest der Menschheit eben nicht.

Wenn Sie erfolgreich Empfehlungsmarketing betreiben wollen, kommt nur eine Zielgruppendefinition in Frage:

**Zielgruppen-
Definition**

*Zielgruppen sind Menschen mit gleichen Wünschen,
Problemen und Bedürfnissen.*

Definieren Sie Ihre Zielgruppe danach, was Sie ihr
geben können – und nicht umgekehrt danach, was
Sie von ihr erhalten können.

Das wichtigste Wort in dieser Zielgruppendefinition
ist das Wort „gleich". Warum?

**Gleiche Zielgruppen-
probleme bringen
Ihnen Spezialisie-
rungsvorteile und
Effizienzgewinne**

Grund Nummer eins: die Effizienzgewinne. Je gleich-
artiger die Zielgruppenprobleme sind, desto leichter
tun Sie sich, eine überzeugende (empfehlenswerte)
Leistung anzubieten und desto größer sind die
Spezialisierungsvorteile. So können Sie es sich leisten, sogar in sehr schwierige Problemlösungen zu
investieren. Es macht einen gewaltigen Unterschied,
ob Sie ein Produkt/eine Leistung einmal oder tau-
sendmal verkaufen. Je größer die zu erwartende
Absatzmenge, desto mehr können Sie in die Entwicklung des zugrunde liegenden Konzeptes investieren. Außerdem lösen sich damit automatisch viele
andere Probleme, wie zum Beispiel die Beschaffung,
die Organisation interner Abläufe und die Ausbildung der Mitarbeiter. Solche Vorteile entgehen
Ihnen, wenn Sie es allen möglichen Menschen mit
den unterschiedlichsten Bedürfnissen recht machen
wollen. Unweigerlich führt das zur Verzettelung und
Ineffizienz, da Sie immer wieder neue Problemlösungen erarbeiten müssen.

**Nutzen Sie die
Kontakte Ihrer
Zielgruppe**

Grund Nummer zwei: die Empfehlernetzwerke.
Jeder Mensch verfügt über ein Netzwerk von
Kontakten mit anderen Menschen. Die Kunst des
Empfehlungsmarketings besteht darin, diese

Netzwerke zu aktivieren und zu nutzen (mehr dazu in Kapitel 4). Wenn es Ihnen gelingt, sich auf Kunden mit homogenen, also gleichartigen Problemen, Wünschen und Bedürfnissen zu konzentrieren, können Sie davon ausgehen, dass diese mit Sicherheit über ein Netzwerk von Kontakten zu Menschen verfügen, die ähnliche Probleme und Wünsche haben.

Die Spezialisierung auf bestimmte Zielgruppen hat außerdem noch eine Reihe anderer Vorteile:

Vorteile der Zielgruppen-Spezialisierung:

▶ Die Spezialisierung auf eine bestimmte Zielgruppe ermöglicht Ihnen die Konzentration auf einen Teilmarkt und macht den Weg in die Marktnische frei.

Marktnischen besetzen

▶ Über das Feedback Ihrer Zielgruppe können Sie Ihre Leistungen perfekt auf deren Bedürfnisse abstimmen. Je besser Sie sich mit den ganz speziellen Eigenheiten und Problemen Ihrer Zielgruppe auskennen, desto eher werden Sie von ihr als kompetenter Problemlöser akzeptiert, was es Ihnen wiederum leichter macht, noch tiefer in die Probleme vorzudringen, und so fort.

Kompetente Problemlösung

▶ Die Zielgruppe sagt Ihnen klar und deutlich, ob Ihre neuen Ideen und Produkte wirklich zum Verkaufsschlager werden können, oder ob Sie der oder die einzig Begeisterte sind.

Feedback

▶ Sie erfahren relativ schnell, was Ihre Zielgruppe erwartet und gewinnen Entscheidungssicherheit darüber, mit welchen Maßnahmen Sie diese Erwartungen übertreffen können. Dies ist der Schlüssel für das Auslösen positiver Mundpropaganda und von Empfehlungen (ausführlicher auf

Entscheidungssicherheit

Seite 54ff.) Sie können durch die Zielgruppenspe-zialisierung ganz gezielt und mit großer Sicher-heit neue Leistungen entwickeln und minimieren dadurch Ihr Innovationsrisiko. Durch eine Pro-blemanalyse ermitteln Sie eine unendliche Viel-zahl von Profilierungsmöglichkeiten und Ansatz-punkte für Zusatzleistungen, die bei Ihrer Ziel-gruppe zu positiven Überraschungen und zu ent-sprechendem Gesprächsstoff führt.

Neue Marktchancen

▸ Weil Sie ein besonders enges Verhältnis zu Ihrer Zielgruppe haben, entdecken Sie neue Bedürf-nisse und Umsatzchancen früher als verzettelte Konkurrenten.

Know-how-Gewinne

▸ Sie können durch die Konzentration auf Ziel-gruppenprobleme Ihr immaterielles Vermögen (Image, Kundenbindung, zielgruppenspezifisches Know-how) sehr stark entwickeln und damit den Wert des Unternehmens drastisch steigern.

Hier einige Beispiele für erfolgreiche Zielgruppen-orientierung:

Problem: Kleine Badezimmer

Die Firma *miniBagno* aus Frankfurt – einst ein Sani-tärgroßhandel wie jeder andere auch – konzentrier-te sich höchst erfolgreich auf die Planung und Ein-richtung von Kleinstbädern. Die Zielgruppe – reno-vierungswillige Wohnungsbesitzer mit Badezim-mern zwischen drei und sechs Quadratmetern – rea-gierte derart begeistert auf die pfiffigen Ideen des Firmenchefs Diethelm Rahmig, dass aus dem ange-schlagenen Kleinbetrieb binnen weniger Jahre ein höchst gewinnträchtiges und florierendes Franchise-unternehmen wurde.

Der Malermeister *Gerd Feldmann* aus Lennestadt konzentrierte sich auf Privatkunden, die über ein gewisses handwerkliches Geschick verfügen. Für diese entwickelte er ein ganz neues Konzept der Zusammenarbeit: Der Kunde übernimmt unter seiner Anleitung die einfachen Arbeiten, und Feldmann selbst macht lediglich das, wofür man wirklich einen Fachmann braucht. So ist er in der Lage, dem Kunden eine Profi-Leistung zum Schwarzarbeiter-Preis zu bieten. Das Resultat: Feldmanns Leistungen sprachen sich bei seiner Zielgruppe herum wie ein Lauffeuer. Er erfreut sich eines steten Zulaufs neuer Kunden und er hat sein Konzept mittlerweile gegen eine Lizenz an andere Malerbetriebe weitergegeben.

Problem: Sparen bei Malerarbeiten

Die Firma *SL-Herrenmoden* aus Arnsberg hatte sich auf modebewusste, schlanke Männer zwischen 1,95 und 2,30 Meter Körpergröße spezialisiert. Diese Kundengruppe musste bis dahin alles maßanfertigen lassen – natürlich zu sehr hohen Preisen. Daher wurde das neue Angebot begeistert aufgenommen. SL kann es sich leisten, die Filialen in Kleinstädten und Randlagen zu eröffnen. Die Kunden nehmen teilweise Anfahrtswege von mehr als 100 Kilometern in Kauf und geben, wenn sie denn schon mal da sind, gleich drei- bis viermal mehr aus, als es dem Branchendurchschnitt entspricht. SL gewinnt Neukunden in sehr hohem Maße durch Mundpropaganda – die Kunden werden zum Teil von ihren „Leidensgenossen" auf der Straße angesprochen und nach ihrer Bezugsquelle befragt. Statistisch gesehen gehört nicht einmal ein halbes Prozent der männlichen Bevölkerung zu SLs potenziellem Kundenkreis. Von dieser kleinen, dafür aber hochmotivierten Zielgruppe lebt das Unternehmen jedoch sehr viel (und vor allem konkurrenzlos) besser als andere Herrenausstatter, die alle um den gleichen Kuchen konkurrieren.

Problem: Herrenmode in Übergröße

37

Prof. Dr. Lothar J. Seiwert, Inhaber des Instituts für Strategie und Time-Management in Heidelberg, hat es innerhalb von nur zehn Jahren geschafft, von einem „ganz normalen" Mitarbeiter einer Beratungsgesellschaft zu dem Experten für Zeitmanagement in Deutschland zu werden. Seine ganz persönliche Erfolgsstory kann er in einer Minute zusammenfassen: *„Irgendwann überlegte ich ganz bewusst, wo das brennendste Problem meiner Zielgruppe lag. Nach meinen Erfahrungen war es das Zeitproblem. Also konzentrierte ich mich darauf und beschloss, mich als Berater für Zeitmanagement selbstständig zu machen. Meine Kollegen belächelten mich zwar als ‚Zeitheini', doch gerade sie waren es, die mir die ersten Aufträge brachten. Ich musste niemals aktiv akquirieren. Von Anfang an bekam ich meine Aufträge über Empfehlungen zufriedener Mandanten und Seminarteilnehmer. Heute bin ich der führende Experte für Zeitmanagement in Deutschland. Es ging alles wie von selbst."* Seiwerts Erfolgsbilanz kann sich sehen lassen: Seine Bücher wurden weltweit in zwanzig Sprachen übersetzt und haben eine Gesamtauflage von mehreren Millionen Exemplaren erreicht. Zahlreiche renommierte Konzerne stehen auf seiner Kundenliste, im In- und Ausland ist er ein begehrter Vortragsredner. Seiwert ist nicht nur der unumstrittene Experte in Sachen „Zeit", sondern er ist auch ein Meister in der strategischen Nutzung von Beziehungsnetzwerken. Als Nummer eins auf dem Markt für Zeitmanagement ist er selbstredend der begehrteste Partner für alle Anbieter, die ebenfalls mit ihren Produkten in diesem Segment vertreten sind. So war Seiwert beispielsweise jahrelang dem Marktführer für Zeitplansysteme *Time/system* als Cheftrainer verbunden, und er ist maßgeblich an der Entwicklung von Zeitplanungssoftware beteiligt.

Hier noch einige Beispiele für richtige Zielgruppendefinitionen:

Statt:	besser:
EDV-Beratung für mittelständische Unternehmen	▶ EDV-Lösungen für Abrechnungsprobleme mittelständischer Tiefbauunternehmen
Hotel für Erholungssuchende	▶ Hotel für Familien mit allergiekranken Kindern
Hersteller für gewerbliche Spülmaschinen	▶ Problemlöser in der Spülküche für Hotellerie und Gastronomie
Finanzdienstleister	▶ Finanzierungs- und Anlageberatung für niedergelassene Ärzte
Steuerberater	▶ Steuerberater für Handelsvertreter

Merke: ,,Talking to everybody means talking to nobody", sagt ein amerikanisches Sprichwort – wer mit allen reden will, spricht niemanden an. Je konkreter Sie Ihre Zielgruppe ansprechen desto stärker fühlt sie sich angesprochen und desto eher ist sie bereit, positiv über Sie zu sprechen.

Wie finden Sie Ihre erfolgversprechendste Zielguppe?

Ihre erfolgsversprechendste Zielgruppe ist diejenige Zielgruppe, bei der Sie das größte Marktführungspotenzial haben:

Kriterien für die beste Zielgruppe:

39

Gleiche Probleme

▶ Sie hat gleiche Probleme und Bedürfnisse. Das erleichtert es Ihnen enorm, eine wirklich überzeugende Problemlösung anzubieten. Wer sich ständig anderen Problemen widmet, kann nur Durchschnittsleistungen bringen.

Passt zu Ihnen

▶ Sie passt zu Ihren Problemlösungsfähigkeiten.

Entspricht Ihren Kapazitäten

▶ Sie passt zu Ihren Kapazitäten – trauen Sie sich also ruhig, Ihre Zielgruppe erst einmal sehr klein zu wählen. Je kleiner die Zielgruppe, desto besser – das macht sie nämlich für größere Mitbewerber unrentabel. Später können Sie Ihren Kundenkreis ruhig ausweiten, wenn Sie erst einmal Marktführer geworden sind und über größere Kräfte verfügen.

Gegenseitige Sympathie

▶ Sie wird von Ihnen gemocht und umgekehrt. Wenn Sie sich nicht für eine Zielgruppe entscheiden können, nehmen Sie diejenige, zu der Sie das beste Verhältnis haben und für die Sie am liebsten aktiv werden.

Warum müssen Sie Ihre Zielgruppe mögen?

Sie können nur sehr schlecht zu jemandem eine gute Beziehung aufbauen, dessen Probleme und Wünsche Ihnen grundsätzlich egal sind. Je stärker Sie sich selbst mit den Interessen Ihrer Zielgruppe identifizieren können, desto mehr Spaß und Motivation verspüren Sie und – das ist das Wichtigste – desto mehr Vertrauen und Zuneigung wird Ihnen von Ihren (potenziellen) Kunden entgegengebracht.

„Vernetzungen treten nur dann ein, wenn eine Person eine andere selbstlos liebt, das heißt, dass sie für andere Personen freiwillig Leistungen erbringt, ohne dafür eine Gegenleistung haben zu wollen.''

Jürgen Lietz

Warum eine genau abgegrenzte Zielgruppe wichtig ist: Durch gleiche Probleme, Wünsche und Bedürfnisse können Sie eine echte Spitzenleistung bringen und damit die Basis für eine Empfehlung schaffen.

Klar eingegrenzte Zielgruppen ermöglichen Spitzenleistung...

Wenn Sie die Zielgruppe genau definiert haben, fällt es Ihnen leicht, deren Informationsquellen, die entscheidenden Meinungsbildner und Multiplikatoren zu identifizieren. Das erleichtert Ihnen den Aufbau von Empfehlernetzwerken und Kooperationsgemeinschaften.

...und den Aufbau von Empfehlernetzwerken

Beispiel: Die *atlas Zentraleinkauf GmbH* in Bad Kissingen wurde ursprünglich als Einkaufskooperation für Privathoteliers im 3- bis 4-Sterne-Bereich gegründet. Über den ursprünglichen Firmenzweck hinaus hat sich atlas mittlerweile zum kompetentesten Komplettlöser der Branche gemausert: Wer in ein neues Hotel investieren möchte, kann praktisch alle Arbeiten, die vor der Eröffnung liegen, an atlas delegieren. Die jeweils besten Spezialisten und Experten kümmern sich um die Standortanalyse und nehmen die Wirtschafts- und Finanzplanung unter die Lupe, atlas vermittelt erfahrene Architekten, Innenarchitekten, Energieberater und Marketingfachleute.

Beispiel für exzellentes Networking

Selbstverständlich liefert atlas die gesamte Ausstattung vom Eierlöffel bis zur Großküche und übergibt das Hotel im „eröffnungsreifen" Zustand. Auf Wunsch wird auch noch das gesamte Personal angeheuert, die Eröffnungsfeier organisiert und für die entsprechende PR gesorgt. Ganz egal, welche Vorstellungen der Bauherr von der Ausstattung hat und welches persönliche Engagement er einbringen möchte: atlas hat für ihn die beste und günstigste Lösung. Von diesen Dienstleis-

tungen übernehmen die Mitarbeiter der Firma atlas nur diejenigen, für die sie die größte Kompetenz mitbringen, nämlich die Beschaffung. Alle übrigen Arbeiten löst atlas-Chef Wolfgang Hertrich über ein exzellentes Beziehungsnetzwerk. Er kennt praktisch alle Spezialisten in der Hotelbranche, und er bringt für jedes Projekt die richtigen Partner zusammen, ganz egal, ob es sich um einen Zulieferer für technische Geräte oder einen Berater handelt. Einen ganz beträchtlichen Teil seiner Arbeitszeit widmet Hertrich der Aufgabe, potenzielle Kooperationspartner zu identifizieren und diese mit Kunden in Verbindung zu bringen. Diese danken es ihm ihrerseits durch Weiterempfehlungen: Hertrich hat alle Kunden seiner Einkaufskooperation durch Empfehlungen gewonnen.

Diese **Fragen helfen Ihnen bei der Suche** nach **Ihrer Zielgruppe weiter:**

▸ *Welche Zielgruppen haben Sie/hat Ihr Unternehmen zurzeit?*

▸ *Auf welche Menschen hatten Sie /hatte Ihr Unternehmen bisher die höchste Anziehungskraft?*

▸ *Welche Kunden sind aus Ihrer Sicht die angenehmsten?*

▸ *Durch welche Kunden werden Sie weiterempfohlen? Über welche Gemeinsamkeiten verfügen diese Kunden?*

▸ *Welche Zielgruppen kommen ganz generell für Ihre Leistungen in Frage (Brainstorming, möglichst alle erfassen)?*

> ► *Welcher dieser Zielgruppe können Sie den größten Nutzen bieten?*

> ► *Wie sieht aus Ihrer Sicht der ideale Kunde aus?*

> ► *Welche Zielgruppe hat den größten Bedarf nach Ihren Leistungen/Problemlösungsfähigkeiten?*

Nachdem Sie nun sehr viele Zielgruppen ermittelt haben, können Sie eine Auswahl treffen. Listen Sie alle Zielgruppen auf. Beginnen Sie mit denen, die Ihnen auf den ersten Blick am interessantesten erscheinen, und bringen Sie diese in eine Rangfolge.

Kleiner Tipp: Diejenige Zielgruppe ist die beste, zu der Sie
► den besten Draht haben und
► die Ihre Leistungen besonders stark benötigen und
► der Sie aufgrund Ihrer Wettbewerbsvorteile (Schritt eins) den größten Nutzen bieten können.

Vierter Schritt: Profilierungsmöglichkeiten suchen

Haben Sie Ihre Zielgruppe genau definiert, führen Sie im nächsten Schritt eine Problemanalyse durch: *Was benötigen Ihre (potenziellen) Kunden?* Schon die Zielgruppendefinition („Zielgruppen sind Menschen mit gleichen Wünschen, Problemen und Bedürfnissen") deutet an, worauf es in diesem Schritt ankommt: *eine genaue Analyse sämtlicher Bedürf-*

Analysieren Sie die Probleme und Bedürfnisse Ihrer Zielgruppe

43

nisse, Probleme, Wünsche und Entwicklungsengpässe der Zielgruppe. Im Grunde ist es eine Binsenweisheit: Je dringender jemand ein Problem empfindet, desto größer ist seine Nachfrage und Zahlungsbereitschaft für diese Leistung. Also müßte eigentlich das oberste Unternehmensziel lauten, bester Problemlöser für den Kunden zu werden. Doch sehr viele Unternehmen sind noch immer der antiquierten Ansicht, sie seien in erster Linie dazu da, Gewinne zu erzielen, und folgerichtig unternehmen sie alles, damit die Spanne zwischen Umsatz und Kosten möglichst groß wird. Dabei wird häufig übersehen, dass der Gewinn lediglich ein (höchst erfreuliches und lebensnotwendiges) Abfallprodukt ist: Je besser das Unternehmen Probleme löst und Wünsche erfüllt, desto größer ist der Gewinn. Andersherum: Wenn ein Unternehmen nichts besser tut als andere, hat es keine Existenzberechtigung – es wird Pleite gehen.

Da Sie nun wissen, auf welche Leistungen und Zielgruppen Sie Ihre Kräfte konzentrieren werden. Also kann die empfehlenswerte Spitzenleistung Gestalt annehmen. Dazu ist noch ein kleiner, aber entscheidender Schritt notwendig:

Fragen Sie Ihren „Traumkunden" nach seinen Problemen, Bedürfnissen, Wünschen und Visionen. Und machen Sie sich dann daran, ihm diese Wünsche zu erfüllen. Natürlich nicht alle, sondern diejenigen Wünsche und Probleme,

▶ die im Zusammenhang mit Ihren Leistungen und Kernkompetenzen stehen und
▶ die von Ihrem Kunden als besonders wichtig empfunden werden.

Je größer das Problem, desto größer ist auch die Akzeptanz der Lösung. Diese schlichte Erkenntnis gerät im Unternehmensalltag leicht in Vergessenheit. Denn dort konzentriert man sich – wenn überhaupt – darauf, diejenigen Probleme zu lösen, von denen *man selbst* annimmt, dass sie wichtig sind. Das ist aber häufig nicht das, was der potenzielle Nutzer für wichtig und verbesserungswürdig hält. Traurige Fälle, in denen Millionen Euro am Kunden vorbei investiert wurden, gibt es genug. Vielleicht haben auch Sie so ein Produkt in Ihren vier Wänden - zum Beispiel einen Videorekorder, der unprogrammier- und -benutzbar vor sich hinvegetiert, oder eine PC-Software, deren Möglichkeiten mangels vernünftiger Anleitung nur zu fünf Prozent ausgeschöpft werden.

Je größer das Problem, desto größer die Akzeptanz der Lösung

Wenn Sie also zum besten Problemlöser für Ihren Kunden werden wollen, finden Sie heraus, was er will.

Es kommt darauf an, was der Kunde wirklich braucht

Das klingt banal, wird aber selbst von großen Unternehmen gern einmal ausgeblendet. Die Marktforscher von J.D. Power beispielsweise haben in einer Umfrage Anfang 2002 die erschütternde Erkenntnis zu Tage gefördert, dass Autofahrer mehr Wert legen auf Reifen mit Notlauffunktionen oder Scheibenwischer, die keine Schlieren hinterlassen, als auf einen Internetanschluss im Auto! Wer hätte das gedacht? Gerade Technik-getriebene Unternehmen neigen dazu, ihre Energie in völlig abgehobene Features zu stecken, statt sie auf ganz banale Alltagsprobleme zu richten. Hören Sie also erst einmal Ihren Kunden zu, bevor Sie sich auf die Lösung irgendwelcher Probleme konzentrieren!

Hören Sie Ihrem Kunden zu!

Es wäre allerdings Unsinn, alle möglichen Probleme aller möglichen Kunden zu lösen. Für eine herausragende Problemlösung ist unbedingt erforderlich, die in Schritt drei vorgestellte Zielgruppenauswahl zu treffen und sich dann auf Probleme zu konzentrieren, bei denen die Nachfrage (und damit die Zahlungsbereitschaft) am größten ist.

Jedes Problem ist eine Umsatz- und Profilierungschance

Darum sollten Sie die Wünsche und Probleme Ihrer Kunden nicht genervt beiseiteschieben, sondern aktiv nach ihnen suchen.

So finden Sie Profilierungschancen – diese Fragen helfen Ihnen weiter.

▸ *Versetzen Sie sich in die Lage Ihrer Zielgruppe: Welche Probleme, Bedürfnisse und Wünsche treten im Zusammenhang mit Ihrer Leistung auf?*

▸ *Was könnte Ihre Zielgruppe davon abhalten, Ihre Leistungen in Anspruch zu nehmen?*

▸ *Fragen Sie Ihre Kunden, welche Verbesserungsmöglichkeiten sie sehen.*

▸ *Für welche Probleme haben Sie bereits Lösungsansätze entwickelt, und was hindert Sie an der Umsetzung?*

▸ *Was halten Sie für die ideale Leistung?*

46

Fünfter Schritt: Ideallösung konzipieren

Wenn Sie nun wissen, was Ihre Kunden wirklich wollen, können Sie daran gehen, Ihr Angebot maßgenau auf deren Wünsche zuzuschneiden.

In ihrem hervorragenden Buch „Wie man Kunden begeistert" raten *Kenneth Blanchard* und *Sheldon Bowles* zu folgendem Vorgehen:

1. Entscheide, was du erreichen willst.

Zunächst einmal definieren Sie die eigene Vision von einer perfekten Leistung; Sie beschreiben also das, was Sie wollen. Ganz egal, ob Sie ein Lebensmittelgeschäft besitzen oder Automobile bauen, Sie entscheiden, wie Ihre Vorstellung von der empfehlenswerten Leistung aussieht, und zwar von A bis Z: angefangen mit Ihrem Werbeauftritt, der Kontaktaufnahme, der Art und Weise, wie Ihr Kunde Ihre Leistungen oder Produkte erlebt, bis hin zur Entsorgung beziehungsweise Nachbetreuung.

Erst die eigene Version der perfekten Leistung ...

2. Finde heraus, was der Kunde will.

Nun findet man heraus, was der Kunde für eine Vorstellung von einer Spitzenleistung hat, vergleicht diese dann mit der eigenen Vision und nimmt Korrekturen vor. Natürlich haben die Vorstellungen des Kunden absolute Priorität. Zu Recht werden Sie sich jetzt fragen, warum man überhaupt eine eigene Vision entwickeln soll, wenn diese anschließend vom Kunden wieder verworfen wird? Aus zwei Gründen:

... und dann die Kundenvision

▶ Erstens können Sie schlecht mit Ihrem Kunden über Spitzenleistungen diskutieren, wenn Sie selbst keine Vorstellung davon haben, wie diese auszusehen haben.

47

▶ Zweitens können Sie durch die eigene Vision und ein konkretes Angebot die unterschwelligen Wünsche des Kunden wecken.

Sollten Ihre Vorstellungen und die Ihrer Kunden völlig voneinander abweichen, ist es besser, sich eine andere Zielgruppe zu suchen. Wenn Sie allerdings die oben skizzierten Schritte eins bis drei sorgfältig durchgeführt haben, ist so ein Misserfolg ausgeschlossen.

Schritt für Schritt zur Ideallösung

3. Liefere zuverlässig das, was die Vision vorgibt, und noch ein Prozent dazu.

,,Zuverlässigkeit ist der Schlüssel, um aus Kunden begeisterte Fans zu machen. Anfangs ist die Beziehung zu den Kunden etwas sehr Zerbrechliches. Sie sind schon oft enttäuscht worden und vertrauen nicht mehr so schnell. Wir wollen sie für uns gewinnen, und die Kunden sträuben sich im Allgemeinen dagegen. Zuverlässigkeit wird letzten Endes diesen Widerstand überwinden, aber in der Zwischenzeit wartet der Kunde nur darauf, dass Sie einen Fehler machen'', sagen *Sheldon* und *Bowles*. Statt gleich loszulegen und alles auf einmal in die Tat umzusetzen, beschränkt man sich besser darauf, nur wenige Punkte in Angriff zu nehmen, dies aber perfekt zu tun. *,,... und noch ein Prozent dazu''* bedeutet: Man kann immer nur ein Prozent zurzeit besser machen. Wenn man sich eine Woche lang darauf konzentriert, jeweils ein Prozent der Vision umzusetzen, hat man nach Ablauf eines Jahres schon die Hälfte geschafft.

Spitzenleistungen sind eine Daueraufgabe

,,Das ist ja unglaublich arbeitsaufwendig'' werden Sie nun vielleicht einwenden. Stimmt! Durchschnittlich zu sein, ist nicht besonders schwierig. Wirklich Spitze zu sein kostet dagegen schon einige Anstrengung. Wenn Sie allerdings mit der richtigen Strategie vorgehen, werden Sie mit sehr viel weniger Kraftaufwand überproportional erfolgreicher werden als andere. Und zwar ganz allein dadurch, dass Sie Ihre Kräfte nicht auf Nebenkriegsschauplätzen verzetteln, sondern sie auf die wirkungsvollsten Punkte – nämlich die erfolgversprechendste Zielgruppe und deren größten Probleme – konzentrieren. Dadurch erzielen Sie eine viel größere Wirkung als Ihre Mitbewerber die keine richtige Strategie verfolgen.

Bitte bedenken Sie bei jeder Art von Strategiekonzeption, dass der Kunde Sie und Ihre Leistungen immer auf zwei Ebenen wahrnimmt: erstens auf der sichtbaren, materiellen Sachebene, zweitens auf der immateriellen, emotionalen Ebene.

Leistungen werden vom Kunden immer rational und emotional gleichzeitig wahrgenommen

Den Neurophysiologen verdanken wir die Einsicht, dass die Menschen zwar überwiegend emotional gesteuert sind – aber dass sie gern Sachargumente dazu benutzen, um emotional gefällte Entscheidungen „vernünftig" zu begründen Beispiel: Frau Bach hat sich einen Mercedes SLK gekauft. Auf die Frage, warum ihre Wahl ausgerechnet auf dieses Modell gefallen ist, antwortet sie ernsthaft „Weil dieses Auto einen sehr hohen Wiederverkaufswert hat." Möglicherweise stecken noch andere Gründe als dieser sehr „vernünftig" klingende dahinter: Mit einem Mercedes kann man sehr gut demonstrieren, dass man zu den „besserverdienenden" Mitbürgern gehört; außerdem hat der Hersteller Daimler trotz vieler Probleme das Image des Qualitätsanbieters, so dass man mit dieser Kaufentscheidung immer auf der sicheren Seite steht. Oder vielleicht findet sie schlicht und einfach, dass es ein sehr schönes Auto ist.

Um emotionale Entscheidungen zu begründen, werden gerne Sachargumente benutzt

Sprechen Sie in Ihrer Strategie stets die emotionale Ebene an!

Strategisch gesehen ist es wichtig, dass Sie stets die emotionale Ebene ansprechen: Der Kunde muss berührt und betroffen werden durch das, was er mit und durch Sie erlebt. Paradoxerweise kann dies durchaus auf der Sachebene geschehen.

Kooperation macht's möglich

Ist es wirklich jedem möglich, eine absolute Spitzenleistung zu schaffen, die Kunden zu begeisterten Fans und Weiterempfehlern macht? Im Prinzip ja – auch wenn Sie im Detail möglicherweise mit einer Vielzahl von Problemen, Engpässen und Akzeptanzschwierigkeiten zu kämpfen haben werden. Zur Resignation besteht allerdings kein Anlass. Was Sie allein nicht schaffen, gelingt Ihnen sicherlich durch Kooperation mit anderen. Im Kapitel „Beziehungsnetzwerke" (S. 114 - 137) werden Sie erfahren, wie man so etwas anstellt. Außerdem dürfen Sie nicht vergessen, dass Sie nun einen ganz wichtigen Verbündeten gewonnen haben, nämlich ihre Zielgruppe. Die wird Sie nach Kräften darin unterstützen, die Vision von der Spitzenleistung umzusetzen – schon im eigenen Interesse.

Checkliste: Der Weg zur Spitzenleistung

► Wie lauten Ihre speziellen Stärken, und zu welchen Leistungen sind Sie selbst (Ihr Mitarbeiterteam) am meisten motiviert?

▶ Auf welchem Geschäftsfeld, mit welchen Produkten/Leistungen wollen Sie empfehlenswerte Spitzenleistungen erbringen?

_____

_____

_____

_____

▶ Wie lautet Ihre genaue Zielgruppendefinition?

_____

_____

_____

_____

▶ Welche Wünsche und Probleme hat Ihre Zielgruppe?

_____

_____

_____

_____

► Wie sieht Ihre Vision von der perfekten Leistung aus?

_____

_____

_____

_____

► Wie sieht die Vision Ihrer Zielgruppe aus?

_____

_____

_____

_____

► Welche Maßnahmen werden Sie Schritt für Schritt ergreifen, um die Vision Ihrer Kunden in die Tat umzusetzen?

1. _____

2. _____

3. _____

4. _____

5. _____

Das Wichtigste in Kürze:

Die beste Voraussetzung für eine Weiterempfehlung ist eine empfehlenswerte Leistung.

Spitzenleistungen erreichen Sie
- *durch Konzentration und Spezialisierung.*
- *durch die gezielte Auswahl der richtigen Zielgruppe mit gleichen Problemen, Wünschen und Bedürfnissen.*
- *durch schrittweise Realisierung dessen, was der Kunde für die Ideallösung hält.*

So lösen Sie Empfehlungen aus

Aktive und passive Empfehlung

Im Empfehlungsmarketing wird zwischen aktiver und passiver Empfehlung unterschieden: Eine passive Empfehlung wird dann ausgesprochen, wenn darum gebeten wird. Beispiel: „Können Sie mir in Frankfurt ein gutes Hotel empfehlen?" Eine aktive Empfehlung wird ausgesprochen, ohne dass der „Empfänger" darum gebeten hat. Beispiel: „Letzte Woche war ich das erste Mal in dem neuen Sportstudio in der Bahnhofstraße, und ich sage dir: wirklich empfehlenswert!"

Ob der Kunde aktiv oder passiv empfiehlt, ist allein eine Frage, inwieweit es Ihnen gelungen ist, einen emotionalen Spannungszustand in ihm aufzubauen, den er durch ein Gespräch kanalisiert und abbaut. Dann kommt es zur aktiven Empfehlung, die aus Sicht des Unternehmens natürlich die angenehmere ist.

„Erwartungen sind die Triebfeder der Wirtschaft."
John Maynard Keynes

Das Zauberwort des Empfehlungsmarketing: „Erwartungen"

Wann spricht ein Kunde, ohne darum gebeten zu werden, positiv über Ihr Unternehmen? Wenn er mehr bekommt, als er erwartet. Das Zauberwort des Empfehlungsmarketings und der Kundenzufriedenheit lautet „Erwartungen": Wenn ich eine katastrophale Leistung erwarte, bin ich unter Umständen hoch zufrieden, wenn es „nur" durchschnittlich ist. Fahre ich in den Urlaub und erwarte zwei Wochen lang nichts als Regen und Sturm, weil es der Wetterbericht so vorhergesagt hat, bin ich überglücklich, wenn vier Tage die Sonne scheint. Um-gekehrt bin ich bitter enttäuscht, wenn ich nur Sonne erwarte, es dann aber vier Tage lang regnet. Damit ist auch erklärt, warum es im Luxushotel mehr unzufriedene Gäste gibt als im einfachen Landgasthof: Vom First-Class-Anbieter werden zum First-Class-Preis ausschließlich Spitzenleistungen erwartet. Je-de Abweichung nach unten führt zu Unzufriedenheit. Im Gasthof dagegen wird nur ein schlichtes Niveau erwartet, dementsprechend hoch ist die Zufriedenheit, selbst wenn Fehler gemacht werden.

▶ Um einen zufriedenen Kunden zu bekommen, der keinen besonderen Anlass sieht, über Sie und Ihre Leistungen zu reden, müssen Sie seine Erwartungen kennen und erfüllen – mehr nicht.

▶ Wenn Sie einen unzufriedenen Kunden haben möchten, der jede Menge negative Mundwerbung macht, müssen Sie lediglich eine hohe Erwartungshaltung in ihm aufbauen (etwa durch Werbung), und ihm dann weniger geben, als er (mehr oder weniger stillschweigend) verlangt.

▶ Einen begeisterten Kunden, der unaufgefordert Mundpropaganda für Sie betreibt, bekommen Sie, wenn Sie mehr bringen, als er erwartet hat. So einfach ist das.

Um positiv ins Gespräch zu kommen, brauchen Sie mehr als „Kundenzufriedenheit" „*Wenn Sie wirklich einen Kunden zu ihrem Kunden machen wollen, dann*

Kundenzufriedenheit reicht nicht

dürfen Sie die Kunden nicht nur zufrieden stellen wollen, sondern Sie müssen sich begeisterte Fans schaffen'', schreibt das US-Autorenteam *Kenneth Blanchard* und *Sheldon Bowles* in dem bereits erwähnten Buch „Wie man Kunden begeistert''.

**Schaffen Sie sich Fans
– bevor es andere tun**

Diese Botschaft gilt selbstverständlich auch für das Empfehlungsmarketing: Wenn Sie empfohlen werden wollen, brauchen Sie begeisterte Kunden, die bei Ihnen mehr bekommen, als man normalerweise erwarten kann. Das, was sich Ihre Mitbewerber auf die Fahne schreiben – nämlich die Kundenzufriedenheit zu erhöhen – können Sie vergessen. Zufriedene Kunden zu haben, reicht noch lange nicht für eine Empfehlung aus. Dazu kommt: Kunden sind häufig schon allein deshalb „zufrieden'', weil sie angesichts des weit und breit herrschenden Mittelmaßes schon froh sind, wenn man ihren Wünschen nur einigermaßen entgegenkommt. Kein Mensch erwartet normalerweise Spitzenleistungen (außer, das Unternehmen/die Person steht in dem Ruf, Spitze zu sein), sondern er begnügt sich mit Durchschnittlichkeit. Das gilt allerdings nur so lange, wie dem Kunden kein besserer Anbieter bekannt ist. Jemand, der nur „zufriedene'' Kunden hat, ist darum in höchster Gefahr: Diese werden nämlich ohne Zögern den Anbieter wechseln, wenn sie dort eine wesentlich bessere Leistung erwarten können. Darum kann die Devise nur lauten: Machen Sie Ihre Kunden zu begeisterten Fans, bevor es jemand anderes tut. Dass man dabei zusätzlich in den Genuss kostenloser Mundpropaganda kommt, versteht sich von ganz allein.

Positive Mundpropaganda entsteht, wenn Erwartungen deutlich übertroffen werden.

Negative Mundpropaganda entsteht, wenn Erwartungen deutlich enttäuscht werden.

Die Erwartungen Ihrer Kunden bilden sich in erster Linie aus drei Quellen:

1. Eigene Erfahrungen

In aller Regel hat Ihr Kunde bereits Erfahrungen mit ähnlichen Produkten oder Ereignissen gesammelt und überträgt diese Erfahrungen auf dem Wege der „intellektuelle Simulation" auf Ihre Leistungen. Beispiel: Wer schon als Kind nicht besonders viel Spaß am Rollschuhlaufen hatte, wird von den Inline-Skates nicht viel erwarten – selbst auf die Gefahr hin, einen Mega-Trend zu verpassen.

2. Informationen von Dritten

Ihr Kunde bildet seine Erwartungen über die Informationen, die er über Ihre Leistungen und Produkte gesammelt hat: Er hat Ihre Werbung gelesen, gehört oder gesehen oder er wurde aus anderen, „neutralen" Quellen – Stiftung Warentest, Zeitungsartikel, Fernsehsendungen, Mundpropaganda etc. – informiert. Auch der Preis, die Verpackung und das Design wecken ganz besondere erwartungen. Die mächtigste und glaubwürdigste Quelle sind Freunde und Bekannte, zumal wenn man weiß, dass der Informant über ähnliche Wünsche, Bedürfnisse und Präferenzen verfügt wie man selbst.

3. Aktuelle Bedürfnisse

Schließlich leitet man seine Erwartungen noch zu einem gewissen Teil aus der aktuellen Bedürfnislage ab. Wenn Sie fürchterlichen Durst haben, erwarten Sie von einem frisch gezapften Bier eine wohltuende Erfrischung – wenn Sie bereits zehn Gläser intus

So entstehen die Erwartungen Ihrer Kunden:
durch eigene Erfahrungen

durch Informationen von Dritten

aus den aktuellen Bedürfnissen

57

haben, erwarten Sie vom gleichen Bier noch größere Kopfschmerzen am nächsten Morgen.

**Falsche Werbungs-
Versprechungen
vergrößern das
Enttäuschungs-
potenzial des
Kunden**

Gerade am Beispiel der Werbung und der Markenbildung sieht man sehr deutlich, wie zweischneidig die Erwartungshaltung wirkt, die dort gezielt aufgebaut wird: So wurden beispielsweise Kunden von BMW und Mercedes gefragt, wann denn das soeben erworbene Fahrzeug das erste Mal ernsthaft kaputt gehen dürfe: ein BMW nach sechs, ein Mercedes nach sieben Jahren! Man kann sich leicht vorstellen, wie groß das Enttäuschungspotenzial ist – vor allem dann, wenn nur zwei Jahre Garantie gewährt werden.

**Übertreffen Sie die
Kundenerwartungen!**

Generell gilt:
Jeder Kunde setzt eine gewisse Basisqualität voraus – zum Beispiel im Restaurant sauberes Geschirr, gutes Essen und eine leidlich freundliche Bedienung. Wenn die erlebte Qualität höher ist als das, was man landläufig erwartet, kann es prinzipiell zu positiver Mundpropaganda führen. Darüber hinaus hat der Kunde eine ganz spezifische Erwartungshaltung an Ihr Unternehmen, die durch Preis, Image und Werbung entsteht. Begeisterung und aktive Empfehlungen lösen Sie mit hoher Wahrscheinlichkeit aus, wenn Sie diese Erwartungen noch deutlich übertreffen.

Wie finden Sie heraus, was Ihr Kunde erwartet?

Den Kunden fragen

Ganz einfach! Indem Sie ihn fragen – entweder direkt im persönlichen Gespräch, am Telefon, oder schriftlich. Je stärker Sie mit Ihrer Leistung am Kunden „dran" sind, desto einfacher ist es, etwas über seine Erwartungen herauszubekommen.

Wer fragt, ist ein Narr für eine Minute. Wer nicht fragt, bleibt ein Narr ein Leben lang.

Sprichwort

Beispiel:

Sie sind Rezeptionist. Vor Ihnen steht eine Dame, die ohne Reservierung nach einem Zimmer für zwei Nächte fragt. Ihrem Wunsch kann stattgegeben werden. Nach einem Blick auf den Meldezettel und einem weiteren in die elektronische Kundenkartei wird Ihnen klar, dass dieser unangemeldet aufgetauchte Gast das erste Mal Ihr Hotel betreten hat.

„Darf ich fragen, wie Sie auf unser Haus aufmerksam geworden sind, Frau Meier?", fragt der Rezeptionist und schaut der Dame offen und freundlich in die Augen.

„Gern – ein Geschäftsfreund, Herr Dr. Schmitz von der Firma AGS hat Sie mir empfohlen.", antwortet Frau Meier.

„Das freut und ganz besonders, Frau Meier – verraten Sie mir noch, für welche Leistungen Herr Schmitz uns empfohlen hat?"

„Wenn ich mich recht entsinne, für Ihre ruhigen und schönen Zimmer und für das exzellente Frühstücksbuffet mit dem freundlichen Service."

„Haben Sie vielen Dank für diese wichtige Information, Frau Meier. Wir werden alles tun, um Ihre Erwartungen zu erfüllen. Wenn Sie noch irgendwelche Wünsche haben, wählen Sie einfach die 9 auf Ihrem Zimmertelefon. Ich wünsche Ihnen eine gute Nacht und einen angenehmen Aufenthalt, Frau Meier."

Welche unschätzbar wichtigen Informationen haben Sie nun aus diesem kurzen Gespräch gewonnen?

Die erste wichtige Information:
Woher kommt die Kundin?

Ist sie aufgrund einer Anzeige gekommen? Wenn ja, in welcher Zeitung oder in welchem Reiseführer hat sie sie gelesen? Ist sie zufällig vorbeigelaufen? Hat sie eine Werbung am Flughafen oder am Bahnhof gesehen? Wurde ihr das Hotel von jemandem empfohlen? Wenn Sie wissen wollen, welche Ihrer Werbemaßnahmen erfolgreich sind und welche nicht, fragen Sie einfach Ihre Kunden! Sie können so einen Haufen Geld sparen, den Sie umgehend in einen noch größeren Kundennutzen investieren können. Es ist übrigens regelrecht erschütternd, dass sehr viele Unternehmen nur ganz vage Vorstellungen davon haben, auf welchen Wegen die Kunden den Weg zu Ihnen gefunden haben.

Die zweite wichtige Information:
Wer hat empfohlen?

Sofern die Kundin auf Empfehlung kam, ist es sehr wertvoll zu wissen, wer der Empfehler war. Zurück zu unserem Beispiel: Herr Dr. Schmitz von der AGS kommt wieder einmal in das Hotel. Schon bei der Reservierung hat der Rezeptionist seiner Kundenkartei entnommen, dass durch dessen Empfehlung eine neue Kundin gewonnen wurde, die bereits sechsmal im Hotel übernachtet hat. Nachdem Dr. Schmitz seinen Zimmerschlüssel in Empfang genommen hat, bemerkt der Rezeptionist:

,,Vielen Dank übrigens für Ihre Empfehlung an Frau Meier. Wir haben alles getan, um ihren Erwartungen zu entsprechen und sind sehr glücklich, Frau Meier regelmäßig begrüßen zu dürfen. Herzlichen Dank!''.

Wichtig an diesem Gespräch sind zwei Dinge:

Erstens: Frau Meier hat es in diesem Hotel so gut gefallen, dass sie zur „Wiederholungstäterin" wurde. Für Dr. Schmitz ist dieser Hinweis besonders wichtig. Warum? Er hat mit seiner Empfehlung einen Teil der Verantwortung für Frau Meiers Wohlergehen übernommen. Was wäre passiert, wenn Frau Meier ein lautes Zimmer und die Bedienung im Frühstücksraum einen schlechten Tag erwischt hätte? Frau Meier wäre zu Recht enttäuscht gewesen, und ihre geschäftliche und/oder freundschaftliche Beziehung hätte einen kleinen Kratzer abbekommen. Und Herr Dr. Schmitz hätte sicherlich nie wieder das Hotel empfohlen. Darum: Bestätigen Sie dem Empfehler, dass sein Vertrauen in die Konstanz Ihrer Leistung gerechtfertigt ist.

Der Empfehler übernimmt Verantwortung

Zweitens: Der Rezeptionist hat sich bedankt. Reicht ein schlichtes „Danke" für einen neuen Stammgast, der mehrere tausend Euro Umsatz wert ist? Eigentlich ja, denn Dr. Schmitz hat das Hotel empfohlen, um Frau Meier einen Gefallen zu tun, und nicht, weil er sich davon einen materiellen Vorteil verspricht oder weil er dem Hotelier etwas Gutes tun wollte. Dennoch ist es ratsam, etwas mehr zu tun als ein schlichtes „Danke" – wie viel mehr, das hängt davon ab, wie gut Sie den Kunden kennen und wie viel Ihnen die Empfehlung wert ist.

Gelegenheit für ein Dankeschön

Fördern Sie die Aktivitäten Ihrer Empfehler durch Anerkennung und Lob!

Jeder Mensch möchte bedeutend sein und lebt vom positiven Feedback seiner Umwelt. Schauen Sie sich

Jeder Mensch lebt vom Lob

61

kleine Kinder an: Sie stecken beim Laufenlernen hunderte von Rückschlägen fröhlich weg, weil Papi und Mami den wackeligsten Schritt und den kleinsten Fortschritt begeistert feiern. Andersherum: Wer lernt schon gern Laufen, wenn man nach jedem Plumps auf den Po mit einem Klaps bestraft wird? Menschen verstärken Verhaltensweisen, für die sie Anerkennung und Aufmerksamkeit bekommen. Schenken Sie also Ihren begeisterten Stammkunden und Empfehlern Ihre ganze Aufmerksamkeit und Anerkennung – und ab und zu ein wenig mehr. Wenn Dr. Schmitz gern Champagner trinkt (das wissen Sie, weil Sie seine Vorlieben und Gewohnheiten in Ihrer Kundenkartei gespeichert haben), dann stellen Sie ihm eine eisgekühlte Flasche mit einem kleinen Dankeschön als Aufmerksamkeit des Hauses auf sein Zimmer – er wird schon wissen, wofür. Dr. Schmitz mag keinen Champagner? Dann besorgen Sie in Bilderbuch für seinen vierjährigen Sohn oder zwei Theaterkarten für Ihn und seine Frau. Übertreffen Sie einfach seine Erwartungen. Er wird es Ihnen mit weiterer positiver Mundpropaganda danken.

Was erwartet wird, muss geliefert werden

Die dritte wichtige Information: Wofür wurde empfohlen?

Die letzte wichtige Information, die der Rezeptionist aus dem Gespräch mit Frau Meier gewonnen hat, bezieht sich auf das „Wofür" der Empfehlung: „Für die schönen und ruhigen Zimmer und das exzellen-

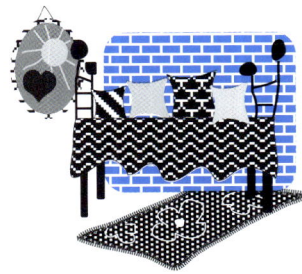

te Frühstücksbuffet mit dem freundlichen Service." Aha! Frau Meier kam mit einer ganz bestimmten Erwartungshaltung in dieses Hotel. Nehmen wir an, es verfügt über 40 frisch renovierte Designer-Zimmer auf der „ruhigen" Seite und über 60 eher angestaubte, im klassischen Stil, die im Laufe der nächsten zwei Jahre renoviert werden sollen und die

wesentlich preiswerter sind. Frau Meiers Enttäuschung werden Sie sich vorstellen können, wenn sie statt eines durchgestylten Designerraumes in einem 08/15-Zimmer mit braunem Teppichboden, dunklen Eichenmöbeln und Brokatvorhängen landet. Die Chance, eine Stammkundin zu gewinnen und eine weitere Empfehlung zu bekommen, sinkt gegen null. Da Sie nun wissen, was Frau Meier erwartet, können Sie gegensteuern:

▶ Sie versuchen, Frau Meier noch in eines der schöneren Zimmer umzubuchen – vielleicht, weil ein Gast seine Reservierung kurzfristig storniert hat.

▶ Für den Fall, dass die 40 Designerzimmer schon in festen Händen sind, kann man eine Kompensation zur Schadensbegrenzung anbieten: „Danke für diese Information, Frau Meier. Jetzt sehe ich gerade zu meinem Bedauern, dass die Designer-Zimmer alle belegt sind. Wir haben nun zwei Möglichkeiten: Ich gebe Ihnen eines unserer Standardzimmer mit einem Preisnachlass von 30 Prozent oder Sie nehmen unsere Classic-Suite, die über besonders großen Komfort verfügt. Ich würde Ihnen die Suite zum Preis des Standardzimmers überlassen." Klar: Frau Meier ist, weil Sie auf Empfehlung eines wichtigen Stammgastes kam, ein VIP-Kunde, und sie muss ganz besonders gut behandelt werden.

Generell gilt: Gerade die empfohlenen Leistungen müssen *auf jeden Fall* stimmen! Wenn Frau Meier nur wegen der schönen Zimmer kam, dann muss alles unternommen werden, um ihr dieses Erlebnis zu ermöglichen oder um ihr einen gleichwertigen Ersatz zu bieten. Oft reicht schon ein ehrliches Bemühen und eine aufrichtige Entschuldigung, um die Enttäuschung des Kunden zum Verschwinden zu bringen.

Direkten Kundenkontakt herstellen

Wie finden Sie heraus, was Ihre Kunden erwarten? Noch einmal: Fragen Sie! Nichts ist einfacher als das, wenn Sie im Dienstleistungsgewerbe tätig sind – als Banker, Handwerker, Arzt, Finanzberater, Software-Entwickler usw. usw. Etwas schwieriger wird es, wenn Sie im produzierenden Gewerbe zu Hause sind und normalerweise keinen direkten Kontakt zu den Endabnehmern Ihrer Produkte haben, weil Sie über den Handel vertreiben. Nun ist es an der Zeit, diesen Zustand zu verändern: Laden Sie Ihre Kunden zu sich ins Haus ein, und reden Sie mit Ihnen – über ihre Wünsche, ihre Erfahrungen und ihre Probleme. Fragen Sie, was Ihren Kunden an Ihren Produkten, Ihrem Service und Ihren Vertriebsformen besonders gut gefällt. Fragen Sie, ob bei der Kaufentscheidung eine Empfehlung ausschlaggebend war, worauf sich diese Empfehlung bezog und ob die damit verbundenen Erwartungen erfüllt wurden. Und dann suchen Sie nach Ansatzpunkten, um die Erwartungen in Zukunft besser zu steuern, zu erfüllen und zu übertreffen! Verfahren Sie genau so mit Ihren Händlern. Diese werden in aller Regel nicht nur Ihr Produkt, sondern auch die der Mitbewerbern in ihren Regalen stehen haben. Wäre es nicht schön, wenn er in Zukunft in erster Linie Ihre Produkte empfehlen würden?

Wichtig: eine gepflegte Kundendatenbank

Natürlich brauchen Sie hervorragende Unterstützung durch die EDV, wenn Sie Empfehlungsmarketing betreiben wollen. Denn Sie brauchen eine topgepflegte Kundendatenbank, in der alle relevanten Informationen auf Knopfdruck verfügbar sind. CMR-Software gibt es mittlerweile für alle möglichen Ansprüche und Budgets – auf jeden Fall ist das eine sinnvolle Investition, wenn gleichzeitig das Denken der Mitarbeiter in die gleiche Richtung geht.

Wenn Sie wissen wollen, was Ihre Kunden erwarten, dann müssen Sie mit ihnen in Verbindung treten – Sie müssen also die heute viel beschworene Kundennähe praktizieren. In diesem Zusammenhang äußerst interessant sind die Erkenntnisse, die der Marketing-Professor *Hermann Simon* bei den so genannten Hidden Champions erzielte. Simon untersuchte über Jahre hinweg die Erfolgsursachen unbekannter deutscher Weltmarktführer. Zu den Hidden Champions zählen beispielsweise Unternehmen wie *Koenig & Bauer* (90 Prozent Weltmarktanteil bei Gelddruckmaschinen), *Gerriets* (100 Prozent Weltmarktanteil bei Bühnenvorhängen) oder *Krones* (70 Prozent Weltmarktanteil bei Flaschenetikettiermaschinen). Hier einige Highlights zum Thema Marketing:

Von den Besten lernen

► Praktisch alle Hidden Champions glänzen durch außergewöhnlich hohe Kundennähe (obwohl sie selbst dieses Modewort gern vermeiden).

► Alle Hidden Champions praktizieren Beziehungsmarketing (Kundenbindung durch persönliche Beziehungen, Clubs, Sammler-Bewegungen).

► Die wichtigste externe Informationsquelle der Hidden Champions ist der Kunde – nicht Messen, Fachzeitschriften oder Marktstudien.

► Sehr viele Hidden Champions (von den größeren wie *Würth*, oder *Wella* einmal abgesehen) beschäftigen keinen Mitarbeiter, der einen Marketing-Titel trägt, haben keine Marktforschungsabteilung oder Mitarbeiter mit einer Marketingausbildung

65

Wann haben Sie das letzte Mal mit Ihren Kunden über ihre Probleme, Wünsche und Erwartungen gesprochen? Sie sind als Chef zu beschäftigt, um sich mit solchen Nebensächlichkeiten zu befassen? Dann lesen Sie einmal, was Simon über Reinhold Würth berichtet: *,,Würth verlangt von allen Managern, dass sie wenigstens einmal im Monat einen Kunden ,in Fleisch und Blut' auf dem Betriebsgrundstück des Kunden sehen. Und Reinhold Würth, jetzt Vorsitzender des Beirates, hat dieses Prinzip während der 40 Jahre an der Spitze seines Unternehmens kontinuierlich vorgelebt. Erst kürzlich besuchte er eine Auto-Reparaturwerkstatt in Istanbul einen ganzen Tag, um einen praktischen Eindruck von den dortigen Bedingungen zu bekommen. Ihm kann so leicht nichts vorgemacht werden über die Probleme, die Kunden irgendwo auf der Welt haben. Er entwickelte seine Strategien nicht vom Schreibtisch in Künzelsau aus, sondern wollte stets eine direkte Erfahrung haben, bevor er einen Markt erschloss.''* Reinhold Würth hat übrigens den väterlichen Dreimannbetrieb zu einem Konzern mit mehr als 2 Milliarden Euro Umsatz gemacht. Die *Würth KG* ist außerdem Weltmarktführer für Schrauben und Befestigungsmittel.

Wenn Sie für Ihre Leistungen empfohlen werden wollen, müssen Sie ganz nah ran an ,,Ihren'' Kunden.

Warum scheuen so viele Topmanager den Kontakt zum Kunden? Vielleicht, weil sie nach der alten Kriegsweisheit handeln, dass der Feldherr unnötige Gefahren vermeiden und daher der vordersten Front fernzubleiben habe. Es hat sich aber mittlerweile herumgesprochen, dass unmittelbarer Kontakt zum Kunden für Vorstandsmitglieder keineswegs gefährlich ist, sondern zu vielen wichtigen Innovationsideen führt: So schickte die *Aral AG* 250 Führungskräfte in die Tankstellen, um dort Warenregale einzuräumen, Scheiben zu putzen und Öldosen zu entsorgen. Das Ergebnis: hunderte von Verbesserungsvorschlägen, aber auch das Ende einiger am Schreibtisch erdachter Konzepte sowie die Einführung eines Kundentelefones.

Was Ihre Kunden immer erwarten

Das Selbstverständlichste, was ein Kunde erwartet, ist Aufmerksamkeit. Dass dies das grundlegendste aller sozialen Bedürfnisse ist, kann man sehr einfach an kleinen Kindern erkennen, die es höchst eindrucksvoll und manchmal ziemlich lautstark verstehen, das allgemeine Interesse auf sich zu ziehen. Manchen Kindern ist es sogar lieber, Aufmerksamkeit in Form von Schimpfen und Schlägen zu bekommen, als völlig von ihren Eltern ignoriert zu werden. Die stete Suche nach Anerkennung und Aufmerksamkeit endet auch nicht im Erwachsenenalter – obwohl man das höchst selten offen zugibt. Im Gegenteil. Sie ist nach wie vor unser treuester Begleiter. Im Erwachsenenalter ist es nur deutlich teurer und aufwändiger, sich Aufmerksamkeit zu verschaffen: Man muss sich einen Porsche und eine teure Uhr kaufen, Chef eines großen Unternehmens werden, sich ein repräsentatives Haus kaufen – und so weiter und so fort.

Anerkennung und Aufmerksamkeit

Man könnte sogar die gewagte These aufstellen, dass die meisten Unternehmen deswegen Pleite gehen, weil sie ihren Kunden zu wenig Aufmerksamkeit geschenkt haben.

Zu wenig Kundenaufmerksamkeit kann böse Folgen haben

Sehr aufschlussreich sind hier Umfragen aus den USA, die zutage fördern sollten, aus welchen Gründen man seine Kunden verliert: Von 100 verlorenen Kunden ist einer gestorben, drei sind in eine andere Stadt gezogen, fünf kaufen bei Freunden oder Verwandten, neun haben eine billigere Bezugsquelle gefunden, 14 haben sich ergebnislos beschwert und sensationelle 68 – also die große Mehrheit – tätigen ihre Geschäft anderswo, weil sie Gleichgültigkeit oder eine negative Einstellung der Mitarbeiter spürten! Interessant in diesem Zusammenhang ist, dass diejenigen, die sich über die Gleichgültigkeit beschwerten, zunächst angaben, sie könnten sich nicht recht erinnern, warum sie bei einem bestimmten Unternehmen nichts mehr kaufen wollten. Erst als die Interviewer ein zweites Mal höflich nachfragten, ob man nicht versuchen wolle, sich zu erinnern, rückten die Befragten mit der „Wahrheit" heraus. Viele der Befragten erröteten sogar, als sie dieses „Geständnis" machten. Weil sie – wie oben schon erwähnt – als Kinder gelernt haben, dass man sich seiner Sucht nach Aufmerksamkeit schämen muss. Keineswegs ist dieses simple Anspruchsdenken, also im so genannten b2b-Bereich, vertreten. Auch unter Geschäftskunden zieht sich der Wunsch nach Aufmerksamkeit wie ein roter Faden durch alle Befragungen. Hier die Gründe, warum im b2b-Bereich der Anbieter gewechselt wird (hier waren Mehrfachnennungen möglich):

▶ 92 Prozent(!) beschwerten sich über mangelnde Aufmerksamkeit
▶ 86 Prozent beklagten mangelnde Initiative
▶ 81 Prozent monierten, dass Vereinbarungen nicht gehalten wurden
▶ 69 Prozent fühlten sich nicht ernst genommen

Angeblich soll es sechsmal teurer sein, einen Neukunden zu gewinnen, als einen Altkunden zu halten.
Diese Zahlen scheinen angesichts der Umfrageer-
gebnisse stark untertrieben zu sein. Wenn es wirklich nicht mehr bedarf als ein bisschen ehrlich
gemeinte Freundlichkeit und Aufmerksamkeit, dann
dürfte das Verhältnis eher bei 1:100 liegen. Denn was
kostet es schon, einem Kunden ein Lächeln, einen
Anruf und ein wenig Aufmerksamkeit zu widmen?

Wie man Kunden verliert

durch Tod	1
durch Umzug	3
folgen Empfehlungen von Freunden	5
kaufen anderswo günstiger	9
haben sich ergebnislos beschwert	14
fühlen sich missachtet	68

(Quelle: Jerry Wilson, Mund-zu-Mund-Marketing)

Glücklicherweise ist es in der „Servicewüste Deutschland" (so das Nachrichtenmagazin Focus) alles
andere als üblich, den Kunden stets wie einen hoch-
willkommenen Gast zu behandeln. Wir hoffen zwar
immer wieder, dass uns ehrlich gemeinte Aufmerksamkeit zuteil wird, doch im Grunde erwarten wir es
nicht. Darum lautet die erste, ganz einfach Maß-
nahme, mit deren Hilfe Sie Erwartungen übertreffen
und Mundpropaganda auslösen können:

*Schenken Sie Ihren Kunden ehrliche Aufmerksamkeit
und Wertschätzung!*

Zusammen mit einer guten Strategie reicht das in vielen Fällen schon aus, um ins Gespräch zu kommen. Wenn Sie diesen Vorgang beschleunigen wollen, dann lesen Sie im nächsten Kapitel, wie Sie die Erwartungen Ihrer Kunden gezielt übertreffen können.

Checkliste

Wenn Sie erfolgreich Empfehlungsmarketing betreiben wollen, sollten Sie sich folgende Frage beantworten:

▸ Welche Erwartungen wecken Sie durch Ihre Werbemaßnahmen?

_____

_____

▸ Wie werden Sie herausfinden, wie Ihre Kunden auf Sie aufmerksam werden?

_____

_____

▸ Wie werden Sie herausfinden, wer Sie empfohlen hat?

_____

_____

► Wie werden Sie herausfinden, was Ihr Kunde von Ihrem Unternehmen erwartet?

► Wie werden Sie herausfinden, welche Erwartungen der Kunde ganz prinzipiell bezüglich Unternehmen Ihrer Branche hat?

Das Wichtigste in Kürze

Mundpropaganda entsteht, wenn Erwartungen übertroffen oder enttäuscht werden.

Erwartungen bilden sich aus eigenen Erfahrungen und aus Informationen von Dritten.

Um Empfehlungen zu steuern, müssen Sie wissen
► *aufgrund welcher Informationen der Kunde zu Ihnen gekommen ist*
► *wer Sie und Ihre Leistungen empfohlen hat*
► *was der Kunde erwartet, sprich: für welche Leistungen Sie empfohlen wurden.*

Um herauszufinden, was der Kunde erwartet, müssen Sie mit ihm reden und alle relevanten Informationen in einer Kundendatenbank speichern. Was Ihr Kunde auf jeden Fall erwartet, ist Aufmerksamkeit.

71

So übertreffen Sie Erwartungen

Wissen Sie nun, was Ihre Kunden von Unternehmen Ihrer Branche und ganz speziell von Ihrem Unternehmen erwarten? Gut – dann können Sie darangehen, diese Erwartungen zu übertreffen. Hier einige Beispiele.

Zunächst eines, das auf den ersten Blick sehr simpel anmutet. Es geht um einen Handwerksbetrieb – genauer gesagt, um einen Malermeister. Welche Assoziationen (Erwartungen) verbinden Sie bei dem Begriff ,,Handwerker''? Höchstwahrscheinlich folgende:

▶ Gute Handwerker sind nur sehr schwer zu bekommen.
▶ Wenn sie überhaupt kommen, sind sie meist unpünktlich.
▶ Sie hinterlassen häufig Schmutz und Dreck.
▶ Kompetente Beratung in Gestaltungsfragen ist eher die Ausnahme.
▶ Kostenvoranschläge werden selten eingehalten – wenn es überhaupt welche gibt.

Beispiel: Malermeister Werner Deck

Die Zielgruppe des Malermeisters *Werner Deck* aus Eggenstein sind gut verdienende Privatleute, die besonders hohe Ansprüche an den Service und die Qualität eines Handwerksbetriebes stellen. Für diese hat er folgende Überraschungen parat:

▶ Die Maler kommen, wenn der Auftraggeber es wünscht und nicht umgekehrt. Egal ob samstags, sonntags, in der Nacht oder wenn der Kunde in Urlaub ist: Die Mitarbeiter der Firma *Malerdeck* machen auch die „unmöglichsten" Arbeitszeiten möglich.

„Unmögliches" möglich machen

▶ Der Kunde muss keinen Finger krumm machen, wenn die Maler kommen. Selbstverständlich räumen sie alle Zimmer aus und wieder ein. Die Belastung durch Dreck und Schmutz wird während der Malerarbeiten so gering wie möglich gehalten; Keine Frage, dass hinterher alles picobello aufgeräumt und geputzt wird

Den Kunden entlasten

▶ Weil private Kunden schnelle Reaktionszeiten verlangen, kommt spätestens einen Tag nach dem Erstkontakt ein Mitarbeiter von Malerdeck zum Kunden, um alle Wünsche aufzunehmen. Natürlich ist dieser Mitarbeiter auch in der Lage, den Kunden in allen Gestaltungsfragen, bei der Material- und Farbwahl kompetent zu beraten. 24 Stunden später hat der Kunde einen verbindlichen Kostenvoranschlag mit einer Festpreisgarantie und einer Terminabsprache auf dem Tisch. Malerdeck kommt auch für kleinste Aufträge, die sonst kein anderer Mitbewerber übernehmen würde.

Schnelligkeit, Kompetenz, Zuverlässigkeit

▶ Nach Beendigung der Arbeit wird ein Übernahmeprotokoll erstellt. Sollte es noch Beanstandungen geben, werden diese sofort aus der Welt geräumt.

Beanstandungen sofort erledigen

▶ Die Erfolge: Das ehemalige Pleiteunternehmen mauserte sich zum höchst profitablen Marktführer in Deutschland. Werner Deck hat mittlerweile 150 Franchisepartner in Deutschland; er betreibt eine

Marktführerschaft, Auszeichnungen, Erfolg

florierende Beratungsgesellschaft für Malerbetriebe und er hat zahlreiche Auszeichnungen und
Management-Preise gewonnen. Wie jeder andere
Malerbetrieb lebt er sehr stark von der Mundpropaganda – und das außergewöhnlich gut. Werner
Deck versteht es, die Wünsche seiner Kunden zu
verstehen und ihre Erwartungen (die dank des
Geschäftsgebarens seiner Mitbewerber nicht
allzu hochfliegend sind) systematisch zu übertreffen.

Erwartungen übertreffen mit System
Wollen auch Sie systematisch nachhelfen, damit Ihre
Kunden positiv über Sie und Ihr Unternehmen reden? Dann erarbeiten Sie sich einen Maßnahmen-
plan, der kleine Überraschungen für Ihre Kunden in
jeder Phase der Geschäftsbeziehung vorsieht.

1. Erwartungen übertreffen bei der Kundengewinnung

Fantasie ist gefragt

In dieser Phase ist die meiste Fantasie nötig, um sich
in der Informationsflut, die auf alle Menschen herein-
stürzt, positiv von anderen abzuheben und Erwartungen im positiven Sinne zu übertreffen. Schließlich
beschäftigen sich tausende von Kreativen in den
Werbe- und Marketingagenturen damit, immer ori-
ginellere und einprägsamere Akquisitionsstrategien
zu ersinnen. Doch oft genügen Kleinigkeiten, wie die
folgenden Beispiele zeigen:

Wolf Hehm, Inhaber einer Spedition, hat stets Bedarf
an Aushilfskräften. Er bekommt einen Anruf von
einer Zeitarbeitsfirma, die ihre Dienste anbietet. Der
Zeitpunkt ist jedoch ungünstig gewählt – erbost über

den ungebetenen Anruf schmettert Hehm den Hörer nach kurzer Zeit wieder auf die Gabel. Am nächsten Tag bekommt er Post von der Zeitarbeitsfirma.

> Sehr geehrter Herr Hehm,
>
> für das freundliche Gespräch mit Ihnen am 17. November 2003 bedanken wir uns. Obwohl unser Telefonat nicht zu dem gewünschten Erfolg führte, da Sie im Moment unsere Dienstleistung nicht benötigen, würden wir uns freuen, wenn Sie uns in guter Erinnerung behalten. In der Anlage übersenden wir Ihnen daher eine kleine Aufmerksamkeit. In der Hoffnung, in Zukunft einmal für Sie tätig sein zu dürfen, verbleiben wir
>
> mit freundlichen Grüßen
> Zeitarbeit AG

Ein freundlicher Brief

Was ist geschehen? Das dumme Gefühl von Herrn Hehm, durch das unvorbereitete Gespräch genervt worden zu sein und etwas zu harsch reagiert zu haben, ist weg. Die zugeschlagene Tür ist auf nette und unaufdringliche Art wieder aufgemacht worden. Damit hatte Wolf Hehm nicht gerechnet. Als er das nächste Mal Aushilfen benötigte, rief er zuerst bei der Zeitarbeit AG an, die damit einen neuen Stammkunden gewonnen hatte.

Verzicht auf ein schnelles Geschäft

Eine junge Mutter geht mit ihrem 18 Monate alten Sohn in ein Kinderschuhgeschäft. Die Verkäuferin vermisst die Füße des Juniors und teilt der verblüfften Mutter mit, das Kind brauche noch keine neuen Schuhe, da der alte noch völlig ausreichend Platz biete. Auf den Einwand, die Schuhe seien aber schon sehr abgeschabt, erwidert die Verkäuferin: „Das ist in diesem Alter völlig normal Schuhe von aktiven

Kindern müssen so aussehen." Sehr bemerkens-
wert: Hier hat es jemand ehrlich mit der Kundin (und
vor allem dem Kind!) gemeint und hat auf ein schnelles Geschäft verzichtet. Der Dank für dieses uner-
wartet positive Kundenerlebnis: Die junge Dame
kauft die Kinderschuhe seitdem ausschließlich in
diesem Geschäft und hat diese Geschichte schon
mindestens zehn anderen Müttern weitererzählt.

Akquise mit Pfiff
Eine ganz besonders pfiffige Akquisitionsmethode
hat sich die Telefonmarketing-Gesellschaft *TAS-Tele-
marketing* für ihren Kunden, die Fluggesellschaft
World Airways, einfallen lassen. Die Aufgabe sah fol-
gendermaßen aus: World Airways war auf der Strecke Frankfurt – Washington der einzige Non-Stop-
Anbieter. Doch diese Tatsache war in den wenigsten
Reisebüros bekannt, und das sollte anders werden.
Die TAS hätte nun einfach in den Reisebüros anrufen
können und für den Non-Stop-Flug von World Airways werben könne. Doch sie machten es weitaus
besser:

Eine TAS-Mitarbeiterin rief im Reisebüro an: „Guten
Tag, ich möchte für meinen Chef, Herrn Greff, am
23.10. einen Flug von Frankfurt nach Washington
buchen!"

Daraufhin sucht die Dame am anderen Ende der
Leitung die übliche Lufthansa-Verbindung mit Zwi-
schenlandung in New York heraus. Damit ist die
Anruferin natürlich nicht zufrieden:

„Ich habe aber gehört, dass es eine Non-Stop-Verbindung zwischen Frankfurt und Washington geben
soll. Ich möchte Sie bitten, das doch einmal zu über-
prüfen und die Flugnummer herauszusuchen. In fünf
Minuten rufe ich Sie noch einmal an!"

Was geschieht nun im Reisebüro? Die Mitarbeiterin steht nun unter Handlungszwang. Zuerst fragt sie ihre Kollegen, die üblicherweise im gleichen Raum sitzen, ob eine Non-Stop-Flug zwischen Frankfurt und Washington existiert. Diese wissen es auch nicht – also muss weiter recherchiert werden, bis man die Fluggesellschaft und die Flugnummer identifiziert hat.

Nach fünf Minuten ruft die vermeintliche Sekretärin wieder an und freut sich darüber, dass es dem Reisebüro gelungen ist, die World Airways-Verbindung

zu finden. Nun gibt sie sich als Mitarbeiterin der Telefon-Marketinggesellschaft TAS zu erkennen und teilt der verblüfften Dame im Reisebüro mit, dass sie für ihre Mühe mit einem schönen Geschenk belohnt wird. Was ist hier passiert?

- ▶ Mit einem Telefonat hat die TAS gleich alle Mitarbeiter des Reisebüros erreicht.
- ▶ Alle Mitarbeiter haben sich aktiv mit dem Problem „Non-Stop-Verbindung Frankfurt – Washington" auseinander gesetzt und haben sich in diesem Zusammenhang den Namen „World Airways" und die Flugnummer gemerkt.
- ▶ Am Ende gibt es einen netten Überraschungseffekt und ein Geschenk – und mit Sicherheit ein interessantes Gesprächsthema im Reisebüro!

Kein Wunder, dass World Airways nach dieser Aktion (insgesamt wurden etwa 1.200 IATA-Reisebüros angerufen) praktisch vom Erfolg überrollt wurde. Leider war die Aktion so überaus erfolgreich, dass größere Wettbewerber auf diese Nische aufmerksam wurden und diese Strecke ebenfalls non-stop bedienten. Also achten Sie darauf, dass Sie Ihren Erfolg besser verkraften!

77

2. Erwartungen übertreffen bei der Leistungserbringung

In dieser Phase gibt es eine ganze Vielzahl von Maßnahmen, die Ihre Kunden dazu bringen, über Sie zu reden. Ob Sie es dabei leicht haben oder nicht, hängt ganz davon ab, auf welchem Servicelevel Sie sich schon befinden und welche Erfahrungen Ihre (potenziellen) Kunden schon mit anderen Unternehmen Ihrer Branche gesammelt haben. Je schlechter der Ruf der Wettbewerber und je festgefahrener die Vorurteile und Gepflogenheiten sind, desto leichter haben Sie es, die Erwartungen zu übertreffen. Einige Beispiele:

Sprengen Sie den Rahmen des Üblichen

Ein Verkäufer ist auf Geschäftsreise. Beim Einchecken im Hotel erkundigt sich die Empfangsdame danach, ob man ihm für den nächsten Tag noch organisatorische Hilfen geben könne – etwa eine Wegbeschreibung, einen Mietwagen, Kopien anfertigen, Faxe oder E-Mails verschicken usw. Am nächsten Morgen findet der Gast an der Rezeption neben seiner Rechnung eine detaillierte Wegbeschreibung zur Amax AG vor, bei der er heute einen Termin hat. Als er ins Auto steigt, fällt ihm angenehm auf, das jemand in der Nacht die Scheiben geputzt hat.

Nehmen Sie auch Ihre kleinen Kunden ernst

Vater und Sohn fahren auf der Autobahn von Frankfurt nach München. Auf Empfehlung eines Freundes unterbrechen die beiden ihre Fahrt, um im *Seminarhotel Schindlerhof* in Nürnberg-Boxdorf eine Pause einzulegen. Nachdem der Kellner die Bestellung aufgenommen hat, fragt er das Kind nach seinem Namen. „Alexander, möchtest du gerne mit einem Game-Boy spielen?" Na klar, das möchte Alexander sehr gern! „Möchtest du den Game-Boy lieber vor oder nach dem Essen haben?" Lieber nach dem Essen! Kaum sind die Teller abgeräumt, kommt der Kellner mit dem Game-Boy und drei verschiedenen Spielen zurück. Alexander ist begeistert, und der Papa kann in Ruhe eine Tasse Kaffee genießen. „Seit diesem Tag besteht Alexander darauf, dass wir zum Schindlerhof fahren, wenn wir in der Nähe von Nürnberg sind", berichtet der Vater. Wer dort selbst einmal zu Gast war, kann das bestens verstehen, denn hier stimmt die Leistung und der Service von A bis Z – angefangen damit, dass die Bedienung ihre persönliche Visitenkarte auf den Tisch legt, damit man Gelegenheit hat, sie korrekt mit ihrem Namen anzureden.

Der *REWE-Markt* im hessischen Altenstadt hat fertig gebracht, was in der Branche allgemein als unmöglich gilt: An vier etablierten Mitbewerbern vorbei hat sich der Supermarkt durch ein enormes Umsatzwachstum zum unumstrittenen Marktführer gemausert – und das, obwohl der Marktbetreiber *Alfred Stoll* ganz bewusst auf Preiskämpfe verzichtet. Wie hat er das geschafft? Durch ein Super-Servicekonzept, das ihm eine unglaublich gute Mundpropaganda, zahllose Presseveröffentlichungen und die Auszeichnung „Supermarkt des Jahres" eingebracht hat. Hier eine kleine Auswahl aus der Vielzahl von Überraschungen, die der REWE-Supermarkt in Altenstadt für seine Kunden parat hat:

Überraschen Sie durch Super-Service

▶ Ob eine Kasse geöffnet wird, entscheidet einzig und allein der Kunde. Kommt ihm die Schlange zu lang vor (selbst wenn diese nur aus zwei Personen besteht), drückt er auf einen Knopf, und sofort wird eine neue Kasse geöffnet.

▶ Dort, wo in anderen Supermärkten palettenweise Chips und Schokolade stehen, hat Alfred Stoll ein Kommunikationszentrum eingerichtet. Dort kön-

79

nen die Kunden in Ruhe eine Tasse Kaffee oder Tee trinken (natürlich kostenlos), eine Zeitung lesen oder sich über Kochrezepte und das Kinoprogramm informieren.

▸ Sollten sich an der Wurst- und Käsetheke einmal Schlangen bilden, kann man eine Nummer ziehen und die Wartezeit beispielsweise damit verbringen, sich am Automaten kostenlos die Schuhe putzen zu lassen.

▸ Der REWE-Markt Altenstadt war der erste Supermarkt in Deutschland, in dem man bargeldlos mit EC-Karte einkaufen konnte. Wer bis nachmittags um 16.00 seine Einkaufsliste faxt, kann ab 18.00 seine Waren fertig eingepackt und gekühlt mit nach Hause nehmen.

▸ Für Kinder gibt es eine Spielecke, bei Regen kann man sich Schirme ausleihen, und an der Hundebar können sich die Haustiere verwöhnen lassen.

Service ist kein Kostenfaktor, sondern eine ertragreiche Investition

„Lohnt sich denn das alles?", werden Sie nun vielleicht denken. Natürlich! Alfred Stoll erwirtschaftet mit seinem Supermarkt eine Umsatzrendite von 5,5 Prozent – branchenüblich sind lediglich ein Prozent. Stolls Kunden nehmen teilweise Anfahrtswege von 50 Kilometern auf sich, nur um Lebensmittel einkaufen zu können, die sie in dieser Qualität und zum gleichen Preis an jeder Straßenecke bekommen. So hat es Alfred Stoll geschafft, dem gnadenlosen Preis- und Verdrängungswettbewerb im Einzelhandel zu entkommen. Service, das hat sich an diesem Fall wieder einmal bewiesen, ist kein Kostenfaktor, sondern eine außerordentlich ertragreiche Investition.

Am Beispiel *REWE* sind zwei Punkte sehr wichtig:

1. Die meisten Verbesserungen sind auch ohne Kapitalaufwand zu erreichen – man benötigt nur ein paar Ideen und die Bereitschaft, die Dinge anders und besser zu machen als in der Vergangenheit.

Innovation ohne Kapitalaufwand

2. Dosieren Sie Ihre Überraschungseffekte sorgfältig. Setzen Sie nicht alles auf einmal in die Tat um, sondern geben Sie Ihren Kunden die Gelegenheit, immer wieder über Ihr Unternehmen zu reden. Nehmen Sie sich ein Beispiel an dem russischen Stabhochsprung-Weltrekordler *Sergej Bubka*: Der übertraf seine Rekordmarken immer nur um einen Zentimeter, obwohl er ohne weiteres noch höher hätte springen können. Doch er zog es vor, die Latte immer dann wieder einen Zentimeter höher zu legen, wenn die Gelegenheit (sprich: die Rekordprämie) besonders günstig war.

Gehen Sie Schritt für Schritt vor

Wenn Sie Anregungen für Überraschungseffekte suchen, beschäftigen Sie sich intensiv mit den Wünschen, Bedürfnissen und Erwartungen Ihrer Zielgruppe. Sie werden innerhalb kürzester Zeit eine Fülle von Verbesserungsideen finden, die Ihre Zielgruppe mit lebhafter Mundpropaganda belohnt.

3. Erwartungen übertreffen in der Nachbetreuung

Besonders in der so genannten „After-Sales-Phase" gibt es unendlich viele Möglichkeiten, die Erwartungen des Kunden zu übertreffen. Warum? Weil natürlich jeder Kunde erwartet, dass ein Unternehmen das Interesse an ihm verliert, wenn der Deal erst ein-

Jeder Kunde ist ein potenzieller Wiederholungstäter

mal abgeschlossen und erledigt ist. In der Tat kümmern sich nur ganz wenige Unternehmen aktiv um ihre Kunden, nachdem die Rechnung bezahlt wurde. Mit „kümmern" ist übrigens nicht gemeint, dass man seinen Kunden regelmäßig Massenmailings und völlig belanglose Unternehmensnachrichten ins Haus schickt und darauf wartet, dass er brav den nächsten Umsatz macht. „Kümmern" bedeutet, das Wohlergehen des Kunden ernst zu nehmen und ihm bei Problemen zur Seite zu stehen. Warum sollte man so etwas machen? Ganz einfach:

Jeder Kunde ist ein potenzieller Wiederholungstäter und, was noch wichtiger ist, ein Weiterempfehler.

Gemessen daran, wie viel Milliarden Euro heute für die Neukundengewinnung ausgegeben werden, ist es nahezu lächerlich, welch ein Schattendasein die Pflege von Kundenbeziehungen führt. Gerade in der „After-Sales-Phase" sind die Chancen, echte Verblüffung beim Kunden zu erzeugen, am allergrößten. Warum? Weil die wenigsten Menschen erwarten, für ein Unternehmen mehr als nur ein Schecklieferant zu sein. Nutzen Sie diese negative Erwartungshaltung für sich und zeigen Sie echtes Interesse an Ihren Kunden. Die Wirkung wird verblüffend sein!

Beispiele für vorbildliche Nachbetreuung

Hier ein paar Beispiele von vielen, wie man sich angenehm bei seinen Kunden in Erinnerung bringen und Mundpropaganda auslösen kann:

Gelegenheit zur Kontaktaufnahme nutzen

Vor einem Jahr haben Sie einen sehr teuren Rasenmäher erstanden. Eine Woche vor Ablauf der Garantiezeit werden Sie von dem Händler angerufen und gefragt, ob Sie bisher mit dem Gerät zufrieden waren und ob es irgendwelche Beanstandungen gibt.

Als Sie Ihren neuen Kamin einweihen wollen, finden Sie darin eine Flasche Sekt und eine Grußkarte des Ofensetzers, der Ihnen einen schönen „ersten Kaminabend" wünscht.

Ihr Kind hat 40 Grad Fieber und einen sehr schlimmen Husten. Sie gehen zum Kinderarzt, der Ihnen die üblichen Medikamente verschreibt. Am nächsten Tag ruft der Arzt an und erkundigt sich, ob es dem Kind besser geht.

Wenn Sie bei dem Fordhändler *Dohmen und Heilmann* in Mönchengladbach Ihr Auto aus der Werkstatt abgeholt haben, bekommen Sie zwei Tage später einen Anruf von einer Dame, die sich sehr freundlich erkundigt, ob alles zur Zufriedenheit repariert wurde und ob es Anlass zu Beanstandungen gibt. Außerdem fragt sie nach, ob Sie irgendwelche Verbesserungsvorschläge haben, die den Service und den Ablauf betreffen.

Das Telefon klingelt, und ein Mitarbeiter der Firma *Metro* ist am Apparat. „Frau Friedrich, wir haben festgestellt, dass Sie schon seit einem Jahr nicht mehr bei uns eingekauft haben." Am anderen Ende der Leitung erst einmal Verärgerung. Wollen die mir jetzt irgendwas verkaufen? Daher die mürrische Antwort: „Kann schon sein! Und was soll jetzt der Anruf?" Der nette Herr lässt sich nicht irritieren und bleibt ganz freundlich: „Wir wollen sichergehen, dass wir Sie nicht in irgendeiner Art verärgert haben und wollen herausfinden, ob wir einen Fehler gemacht haben,

Kleine Geschenke ...

Nachtelefonieren

83

den wir eventuell wieder gutmachen können.'' Große Verblüffung! Die wollen mir gar nichts verkaufen, sondern nur wissen, ob ich mich vor einem Jahr über die Metro geärgert habe? So viel Anteilnahme wird natürlich umgehend mit einem Besuch bei der Metro belohnt!

In seinem Buch „Telefonverkauf mit Power'' beschreibt *Günter Greff* einen After-Sales-Call, der seine Erwartungen bei weitem übertroffen hat:

„Ich war in Amerika auf einem Kongress und habe jeden Morgen mein Büro in Frankfurt angerufen. Die Telefonzentrale hat meinen Anrufwunsch entgegengenommen und mich gebeten, in der Leitung zu bleiben und einen Moment zu warten. ‚Guten Morgen, Herr Greff, hier ist Julie von AT&T. Was kann ich für Sie tun?' *Erste Überraschung: Die Telefonzentrale sprach mich mit Namen an. Zweite Überraschung: Sie war ausgesprochen freundlich. ‚Ich würde gern mein Büro in Rodgau sprechen. Hier ist die Nummer: 06106-76665.' ‚Gerne, Herr Greff, ich verbinde Sie ...' Ich habe das Telefongespräch geführt, meinen Aktenkoffer genommen und wollte das Hotelzimmer gerade verlassen, als das Telefon klingelt. ‚Herr Greff, hier ist noch einmal Julie von AT&T. Entschuldigen Sie, dass ich Sie noch einen Augenblick in Anspruch nehme. Wie waren Sie denn mit der Leitungsqualität zufrieden, die AT&T Ihnen nach Deutschland zur Verfügung gestellt hat?' Meine Verblüffung können Sie sich vorstellen. ‚Herr Greff, dann sind wir auch zufrieden. Ich danke Ihnen, dass sie AT&T gewählt haben.''*

Kundenaufmerksamkeit soll individuell und ehrlich sein

Zum Schluss noch ein Tipp, der immer funktioniert: Schenken Sie Ihren Kunden individuelle Aufmerksamkeit. Bitte erinnern Sie sich: Aufmerksamkeit ist eines der grundlegendsten Bedürfnisse eines jeden einigermaßen normal entwickelten Menschen. Sie werden das Herz Ihrer Kunden mit Sicherheit gewinnen, wenn Sie ihnen ehrliche Aufmerksamkeit schenken. Dazu ein Beispiel: Ein Kind benötigt eine Brille. Bei der Refraktion erzählt es dem Optiker, dass es Dinos liebt. Als Vater und Kind die Brille zehn Tage später abholen, bekommt das Kind zwei Spielzeug-Dinos geschenkt, die ein Azubi im nächstgelegenen Spielzeugladen gekauft hat. Das Kind ist begeistert – und darüber hinaus natürlich auch der Vater, der von nun an jede Brille bei diesem Optiker kauft. Die Mutter übrigens auch. Bitte verabschieden Sie sich umgehend von standardisierten Werbeartikeln, die im Grunde nichts anderes sind als Werbung für Ihr Unternehmen. Der Kunde möchte nicht aus einer Tasse trinken, die Ihr Firmenlogo ziert, sondern aus einer Tasse, auf der sein Name steht. Schicken Sie Ihrem Kunden keine Geburtstagskarte (da macht mittlerweile jeder), sondern schauen Sie einmal nach, wann er das erste Mal bei Ihnen Kunde war, und schicken Sie ihm zu diesem Jahrestag eine kleine, individuelle Aufmerksamkeit mit einem aufrichtigen „Danke".

In Ihrem Unternehmen ist so etwas unmöglich? Ist es viel zu aufwändig, Mitarbeiter ausbilden zu lassen? – Dann überlegen Sie einmal, welchen Umsatz ein Kunde im Laufe seines Lebens für Sie repräsentiert und wie viel Geld Sie ausgeben müssen, um einen neuen Kunden zu gewinnen. Hinzu kommt: „Einmalkunden" gibt es praktisch nicht mehr, jeder ist ein potenzieller „Wiederholungstäter". Selbst Eheringe, von denen man früher annahm, dass sie nur einmal im Leben gekauft werden, sind im Zeitalter der Zweit- und Drittehe schon fast ein Stammkunden-Geschäft. Aber auch wenn der Kunde mit absoluter Sicherheit nur ein einziges Mal in seinem

Wie viel ist Ihr bester Kunde wert?

Leben bei Ihnen in Erscheinung tritt, ist dies kein Grund, ihn nach Ende der Geschäftsbeziehung einfach ad acta zu legen. Schließlich verfügt er über eine Vielzahl von Kontakten – sein persönliches Beziehungsnetzwerk –, aus dem Sie ohne Aufwand viele Neukunden gewinnen können. Mehr dazu finden Sie im Kapitel „Beziehungsnetzwerke" auf den Seiten 114 bis 137.

Checkliste „Erwartungen übertreffen"

▶ Welche Maßnahmen können Sie ergreifen, um die Erwartungen Ihrer Kunden in der Akquisitionsphase zu übertreffen?

_____

_____

_____

_____

▶ Welche Maßnahmen können Sie ergreifen, um die Erwartungen Ihrer Kunden während der Auftragsabwicklung zu übertreffen?

_____

_____

_____

_____

▶ Welche Maßnahmen können Sie ergreifen, um die Erwartungen Ihrer Kunden nach der Auftragsabwicklung zu übertreffen?

_____

_____

_____

_____

Das Wichtigste in Kürze:

Um die Erwartungen Ihrer Kunden zu übertreffen, müssen Sie diese kennen.

Untersuchen Sie systematisch alle Phasen der Geschäftsbeziehung und suchen Sie nach Ansatzpunkten, um Erwartungen zu übertreffen.

Arbeiten Sie kontinuierlich und in kleinen Schritten an Verbesserungen, um Ihrer Zielgruppe immer wieder Gelegenheit zu geben, über Sie zu reden.

Besonders nach der Leistungserbringung ist die Chance, beim Kunden positiv ins Gespräch zu kommen, sehr groß.

So wehren Sie negative Empfehlerwerbung ab

Die 3:33-Regel

Das Fatale am Empfehlungsmarketing ist, dass es sowohl im Positiven wie im Negativen wirkt – und zu allem Unglück in erster Linie und ganz besonders negativ!

Jerry Wilson, Mundpropaganda-Experte aus den USA, hat branchenübergreifend geforscht, in welchem Maße sich gute und schlechte Kundenerlebnisse im Markt herumsprechen. Als Resultat dieser Arbeit hat er die so genannte 3:33-Regel ermittelt:

► Außerordentlich gute Kundenerlebnisse werden 3-mal weitererzählt.
► Schlechte Kundenerlebnisse dagegen 33-mal

Suchen Sie nicht nach Ausreden!

Unternehmen, die durch negative Mundwerbung in den Untergang getrieben werden, können diesen Umstand jedoch keinesfalls mit der menschlichen Sehnsucht nach Klatsch und Tratsch erklären. Diese schöne Ausrede zieht nicht. Und Argumente wie „unser Standort ist ungünstig", „die Wirtschaftslage ist schlecht" oder „die Konkurrenz macht die Preise kaputt" genauso wenig. Es hat schon immer Unternehmen gegeben, die trotz schlechtester Standorte, größter Wirtschaftskrisen und stärkster Konkurrenz außergewöhnliche Erfolge feiern konnten.

Nicht der Stärkste, sondern der Anpassungsfähigste überlebt

Wenn ein Unternehmen Pleite geht, wurde stets gegen das grundlegende Darwin'sche Überlebensrezept (Survival of the fittest) verstoßen. Das heißt aber keineswegs, dass nur die Stärksten überleben

– denn so wird Darwin sehr häufig fehlinterpretiert: „The fittest" ist nämlich nicht der Stärkste, sondern der Anpassungsfähigste. Also nicht die größten und kapitalkräftigsten Unternehmen überleben, sondern diejenigen, die sich ihren Umweltbedingungen am besten und schnellsten anzupassen verstehen. Und die wichtigste „Umweltbedingung" sind nun einmal die Kunden, denn schließlich ist deren Geld die größte Energiequelle, von der das Unternehmen zehrt.

Wenn anhaltend schlecht über ein Unternehmen geredet wird, dann hat es die grundlegenden Bedürfnisse seiner Kunden ignoriert.

Ignoranz gegenüber Kundenbedürfnissen ist heutzutage fast gleichzusetzen mit einem selbst gewählten Todesurteil. Denn die „guten, alten Zeiten", in denen man auf den Markt werfen konnte, was man wollte, sind vorbei. Legendär ist beispielsweise der Spruch von Henry Ford, sein ebenso legendäres Serienauto „Tin Lizzy" gäbe es in jeder Farbe – vorausgesetzt, es handle sich um die Farbe Schwarz. Als Monopolist für billige Autos konnte er sich eine derartige Arroganz leisten. Heute übertreffen sich die Hersteller darin, eine möglichst große Modell- und Variantenzahl anzubieten, nur um sich um jeden Preis auch an den ausgefallensten Kundenwunsch anzupassen. Nicht der Mangel, sondern der Überfluss regiert heutzutage die meisten Märkte. Unter diesen Bedingungen kommt es nicht mehr darauf an, die größten Produktionskapazitäten zu besitzen, sondern die Fähigkeit, Kundenwünsche aufzuspüren und zu erfüllen.

**Negative
Mundpropaganda
muss nicht sein**

Wer permanent gegen die Bedürfnisse und Wünsche seiner Kunden verstößt, hat keine Existenzberechtigung. Negative Mundwerbung ist kein unabwendbares Naturereignis, sondern sie ist ein hausgemachtes Problem, das verursacht wird durch das Management.

**Bringen Sie
enttäuschte Kunden
dazu, mit Ihnen
zu reden**

Wie Sie negative Mundwerbung vermeiden

Wie können Sie unzufriedene Kunden (das heißt solche, deren Erwartungen Sie eindeutig nicht erfüllen konnten) davon abhalten, 33 anderen von dieser Katastrophe zu berichten? Und wie können Sie den schleichenden Zerfall Ihres Unternehmens durch negative Mundwerbung abwehren? Die Lösung lautet: Sie müssen Ihre Kunden dazu bringen, *sofort* mit *Ihnen* zu sprechen, wenn es Grund zur Klage gibt – und nicht mit jemand anderem. Denn wenn der Kunde seine Enttäuschung oder Wut direkt und unmittelbar bei Ihnen abgeladen hat, braucht er es nicht bei anderen zu tun, die diese Story wiederum genüsslich anderen erzählen usw. usw. ... Wenn Sie es überdies geschafft haben, auf seine Beschwerde richtig zu reagieren, haben Sie sogar die allerbeste Chance, aus dem Nörgler einen Stammkunden und begeisterten Weiterempfehler zu machen. Doch davon später auf den Seiten 101 bis 113.

Bevor Sie diese einmalige Chance bekommen, müssen Sie Ihren Kunden zunächst einmal zum Reden bringen – und das ist wohl die schwierigste Übung im Empfehlungsmarketing.

Was schätzen Sie: Wie viele Kunden beschweren sich tatsächlich beim Verursacher ihrer Verstimmung? Genaues weiß man nicht. Untersuchungen in den USA haben ergeben, dass sich nur 4 Prozent aller unzufriedenen Kunden beschweren – die übrigen 96 Prozent lassen ihren Ärger anderweitig ab (durch negative Mundpropaganda), und, was noch schlimmer ist, 91 Prozent dieser „stummen Unzufriedenen" wechseln bei der nächsten Gelegenheit den Anbieter. In Deutschland liegt die Beschwerdequote zwischen 4 und 20 Prozent.

Unschwer erkennt man an diesen Zahlen, dass Unternehmen, die sich ihrer geringen Reklamationsquoten rühmen, mit hoher Wahrscheinlichkeit in eine tückische Falle gelaufen sind: Es kann nämlich sehr gut sein, dass ihre Kunden praktisch völlig resigniert haben und es einfach aufgegeben haben, mit ihnen zu reden.

Niedrige Reklamationsquoten sind tückisch

Die Restaurantfrage und die Folgen

Wer kennt sie nicht, die berühmte Restaurantfrage „Hat's geschmeckt?", die der Kellner mit mehr oder weniger desinteressiertem Gesichtsausdruck standardmäßig an den Gast bringt, wenn er den Tisch abräumt. Haben Sie bei dieser Gelegenheit schon einmal gelogen? Dann sind Sie in guter Gesellschaft. Obwohl man das eine oder andere anzumerken hätte, nuschelt man lieber ein „hm, hm" vor sich hin oder sagt „Ja", ohne es so zu meinen. Warum beschweren sich die Kunden so selten – und zwar selbst dann nicht, wenn sie ausdrücklich (siehe Restaurantfrage) um ihre Meinung gebeten werden? Vielleicht, weil sie schon resigniert haben – es ändert sich schließlich doch nichts.

Kunden beschweren sich selten

Dazu eine typische Anekdote: Ein Geschäftsmann versucht anlässlich eines Messebesuches, das Reklamationsmanagement einer Hotelkette auf die Probe zu stellen. Auf seinem Zimmer findet er einen Fragebogen, in dem um Verbesserungsvorschläge und Anregungen gebeten wird. Er schreibt hinein,

Wer fragt, muss die Antwort ernst nehmen

dass er in seinem Zimmer einen Haken vermisse, an dem er seinen Kleidersack aufhängen könne. Stattdessen müsse er die Bügel behelfsmäßig an den Türstock hängen, was erstens umständlich sei und zweitens zur Beschädigung des Inventars führe. Drei Wochen später bekommt er einen Brief von der Direktion, in dem ihm für diesen hervorragenden Verbesserungsvorschlag gedankt wird. Man werde umgehend an der Umsetzung arbeiten. Ein Jahr später besucht der Geschäftsmann die gleiche Messe und wählt wieder das bewusste Hotel. Vorsorglich hat er das gleiche Zimmer reservieren lassen. Der Leser ahnt es schon: Von einem Haken für den Kleidersack ist weit und breit nichts zu sehen. Umgehend schreibt er ein zweites Mal und beruft sich auf den vor einem Jahr stattgefundenen Briefwechsel. Vorsichtshalber legt er sogar eine Kopie bei und fragt höflich an, warum es binnen eines Jahres nicht gelungen sei, einen simplen Haken anzubringen. Leider werden wir die Gründe niemals erfahren: Das Mahnschreiben blieb unbeantwortet. „Zufällig" ist der Geschäftsreisende selbst Hotelmanager, der es sich nicht nehmen lässt, diese nette kleine Geschichte bei passenden Anlässen in der Branche kursieren zu lassen und die Konkurrenz mit Spott und Häme zu überschütten.

Warum beschweren Kunden sich nicht – und zwar selbst dann nicht, wenn Sie ausdrücklich dazu aufgefordert werden?

Mangelnde Ernsthaftigkeit

1. Man entnimmt der Art der Fragestellung, dass es dem anderen nicht sonderlich ernst ist mit seinem Anliegen.

Sprich: Man glaubt, der andere ist an der Antwort überhaupt nicht interessiert. Warum soll ich mir also die Arbeit machen, auf die Frage zu antworten?

2. Die Kosten und Mühen, die man aufwenden muss, lohnen sich nicht.

Mühe lohnt sich nicht

Wer einen Hamburger kauft und erst zu Hause bemerkt, dass das Brötchen offenbar schon das Verfallsdatum überschritten hat, wird sich kaum die Mühe machen, sich deswegen noch einmal ins Auto oder in die Straßenbahn zu setzen, um zu reklamieren.

3. Unterm Strich erwartet man nur Ärger.

Angst vor Ärger

Wer etwas zu bemängeln hat, rechnet immer damit, dass er sich auf eine Auseinandersetzung einzurichten hat. Vielleicht werden mir betrügerische Absichten unterstellt? Kann ich überhaupt beweisen, dass ich den Schaden nicht selbst verursacht habe? Werde ich überhaupt eine angemessene Entschädigung bekommen?

4. Es gibt keinen „rationalen" Beschwerdegrund.

Es gibt keinen rationalen Beschwerdegrund

Natürlich eignen sich nachweisbare Defekte aus Sicht des Kunden eher für eine Beschwerde als „nur" emotional wahrnehmbare. Wenn eine Uhr nach zwei Monaten den Geist aufgibt, ist man eher geneigt, dies zu reklamieren, als wenn man von einem Verkäufer ignoriert wird und deshalb wutschnaubend den Laden verlässt. Erinnern Sie sich: 68 Prozent der Kunden brechen Geschäftsbeziehungen ab, weil sie das Gefühl hatten, dem Unternehmen und seinen Mitarbeitern egal zu sein. Wie viele von denen haben sich wohl beschwert? Praktisch niemand, vermutlich.

"Kunden beschweren sich nicht, weil sie nicht das Beste bekommen haben (oder das, was ihren Ideal-vorstellungen entspricht), sondern weil sie nicht erhal-ten haben, was sie aller Erfahrung nach mindestens hätten erwarten können."

Bernd Stauss, Wolfgang Seidel

Kriterien für
„ Beschwerde-
management"

Wovon hängt es ab, ob sich ein Kunde beschwert oder nicht? *Bernd Stauss* und *Wolfgang Seidel* tragen in ihrem Buch „Beschwerdemanagement" sechs Merkmale zusamme:

Je höher der
Aufwand, desto
geringer die
Beschwerde-
wahrscheinlichkeit

1. Die Beschwerdekosten

in Form von Geld (zum Beispiel Telefongebühren), Zeit und Ärger. Je schwieriger es für den Kunden ist, sich zu beschweren (etwa, weil er nicht weiß, wo er sich beschweren soll, oder weil die Einsendung der reklamierten Ware verlangt wird), desto geringer ist die Wahrscheinlichkeit, dass er sich beschwert.

Welchen Nutzen hat
eine Beschwerde?

2. Der Beschwerdenutzen

Wird das Unternehmen eine Wiedergutmachung an-bieten oder bereit zu einer Verhaltensänderung sein? Wer die Hoffnung aufgegeben hat, dass eines der beiden Ereignisse eintritt, wird sich nicht be-schweren. Auch wenn sich der Schaden nicht wie-der gutmachen lässt – etwa ein verpasster Termin wegen eines verspäteten Zuges –, sinkt die Be-schwerdefreudigkeit.

Bei teuren/wichtigen
Produkten steigt die
Beschwerdewahr-
scheinlichkeit

3. Produktmerkmale

Wenn ein Atomkraftwerk defekt ist, wird sich der Kunde auf jeden Fall beim Lieferanten beschwe-ren, wenn eine Nylonstrumpfhose beim ersten An-probieren zerreißt, mit an Sicherheit grenzender Wahrscheinlichkeit nicht. Je höher der Preis und die

Belastung des Budgets oder je wichtiger der Kauf (etwa aus Prestigegründen), desto größer ist die Beschwerdewahrscheinlichkeit.

4. Problemmerkmale

Eindeutig nachweisbare und objektiv beschreibbare Probleme, bei denen der „Beschuldigte" wenig Chancen hat, sich herauszureden, sind eher Gegenstand einer Beschwerde, als Vorfälle mit großem Interpretationsspielraum. Auch wenn der Kunde teilweise an der Leistung mitgewirkt hat – etwa, weil er zuvor nach seinen Wünschen und Bedürfnissen gefragt wurde –, wird er vor offener Kritik zurückscheuen. Das erklärt unter anderem, warum so viele Menschen sich scheuen, sich bei ihrem Friseur zu beschweren. Bei Unternehmensberatern liegt die Sache übrigens ähnlich.

Objektive Probleme sind eher Gegenstand einer Beschwerde als subjektive

5. Persönliche Merkmale

Der typische Beschwerdeführer sieht ungefähr so aus wie der als notorischer Nörgler bekannte Tennisprofi *John McEnroe*: Er ist jünger, männlich, hat eine gehobene Ausbildung, ein mittleres/höheres Einkommen und ein gesteigertes Selbstbewusstsein.

Hohes Selbstbewusstsein ist Voraussetzung

6. Die Umstände einer Situation

Wer gerade seinen herzinfarktgefärdeten Gatten ins Krankenhaus fahren muss, wird sich nicht die Zeit nehmen, mit dem Taxifahrer um die Angemessenheit des Fahrpreises zu diskutieren. Auf der anderen Seite wird jemand, der vor seiner neuen Freundin Eindruck schinden will, eher bereit sein, sich auf ein kleines Kräftemessen bei einem Streitfall einzulassen oder durch eine Beschwerde zu dokumentieren versuchen, welch hohes Leistungsniveau er verdient zu haben glaubt.

Persönliche Umstände müssen passen

Fazit: „Den" Beschwerdegrund und „die" Beschwerdesituation gibt es nicht. So vielfältig die Menschen mit ihren Eigenheiten, Wertvorstellungen und Erwartungen sind, so unterschiedlich werden Beschwerdesituationen und -anlässe betrachtet. Für das Empfehlungsmarketing bedeutet das: Sie müssen alles Erdenkliche tun, um Ihre Kunden zum Reden zu bringen – und zwar möglichst schon, bevor er selbst aktiv wird und wutschnaubend in Ihren Verkaufsräumen steht.

Finden Sie heraus, wie Sie Ihre Kunden zum Reden bringen

Unterschiedliche Kommunikationswege: Dienstleistungsunternehmen – produzierende Unternehmen

Damit Ihr Kunde nicht mit anderen über Ihre Fehlleistungen redet, also negatives Empfehlungsmarketing betreibt, müssen *Sie* ihn zum Reden bringen – und zwar sofort, nachdem die Verstimmung aufgetreten ist – und auf jeden Fall, bevor er mit jemand anderem darüber gesprochen hat. Dienstleistungsintensive Unternehmen mit gutem Kundenkontakt können einfacher herausfinden, ob irgendetwas nicht stimmt, als zum Beispiel produzierende Unternehmen, die mehrere Handelsstufen zwischen sich und ihrem Endkunden haben. Mittel und Wege, um mit dem Kunden zu reden, gibt es immer. Im Dienstleistungsbereich können Sie direkt mit Ihrem Kunden reden. Wenn Sie ein Produkt verkaufen, können Sie schriftlich kommunizieren und Ihre Kunden wissen lassen: *Beschwerden sind willkommen.*

Besonders leicht tun Sie sich, potenzielle Beschwerdegründe schon im Vorfeld aufzuspüren, wenn Sie ungefähr wissen, was Ihre Kunden erwarten und wenn Sie über ein erprobtes Qualitätssicherungssystem verfügen.

Doch die schönsten Systeme können versagen – darum ist es unabdingbar, dass Sie Ihre Kunden bei jeder passenden Gelegenheit dazu auffordern, mit Ihnen in Kontakt zu treten. *Jerry Wilson* schlägt folgenden Weg vor, um Kunden zu Beschwerden zu ermutigen:

Ermutigen Sie Ihre Kunden zu Beschwerden

1. Entwerfen Sie eine „Wir heißen Ihre Beschwerde willkommen"-Botschaft

► Lassen Sie Ihre Kunden wissen, dass Sie sich darauf freuen, von ihnen zu hören. Betonen Sie, dass Sie, sobald ein Problem auftaucht, *unverzüglich* von ihnen hören möchten. Auf diese Weise wird die Wahrscheinlichkeit, dass der Kunde negative Mundwerbung betreibt, sehr viel geringer.

Sofort!

► Lassen Sie Ihre Kunden wissen, *wo* sie sich beschweren können. Hier bieten sich folgende Formulierungen an: *„Bitte fragen Sie nach unserer Geschäftsführerin Frau Soundso". Oder: „Rufen Sie unsere Hotline-Nummer 0800-333444 an". Oder „Nehmen Sie sich eine unserer Karten für Verbesserungsvorschläge und schicken Sie diese mit der Beschreibung Ihres Problems portofrei an uns zurück".*

Wo?

► Lassen Sie Ihre Kunden wissen, *wie* sie sich beschweren können. Erklären Sie, welche Informationen sie brauchen, mit wem sie sprechen müssen, welche Telefonnummer ihnen zur Verfügung steht und so weiter. Seien Sie darauf bedacht, dem Kunden den Erstkontakt so leicht wie möglich zu machen, so dass selbst der Schüchternste sich nicht abschrecken lässt. Vermeiden Sie Formulierungen wie „Senden Sie die angebro-

Wie?

chene Packung an ..." oder Ähnliches, wenn Sie wirklich etwas von Ihren unzufriedenen Kunden hören möchten. Nur ausgesprochene Reklamations-Hardliner schreiben einen Beschwerdebrief, greifen zu Packpapier und Klebstoff, um die angebrochene Packung versandfertig zu machen, und fahren dann noch eine halbe Stunde durch die Stadt zum nächsten Postamt (und wieder zurück) und investieren 4,10 Euro Porto, nur um Ihnen mitzuteilen, dass die Cornflakes (die Marmelade, der Reis, das Hundefutter ...) muffig gerochen haben. Lieber werfen Sie 1,99 Euro in Form der angebrochenen Packung in den Abfalleimer und greifen beim nächsten Mal im Supermarkt zu einer anderen Marke. Wie oft haben Sie schon auf eine Reklamation verzichtet, weil sowohl Verpackung als auch der Kassenzettel bereits ins Altpapier gewandert waren? Wie es anders geht, konnte man der Wirtschaftswoche entnehmen: „Kurzer Prozess bei *ALDI-Süd* in Wiesbaden. Der Hartschalenkoffer hat schon nach der ersten Reise schlapp gemacht. ,Wissen Sie noch den Preis?', fragt die Marktleiterin. ,Ich glaube, 19,90', brummelt der Beschwerdeführer. Die Marktleiterin fackelt nicht lange: Kasse auf, Bares auf die Hand. Belege werden nicht verlangt."

Grenzen abstecken

▶ Erklären Sie gleich zu Beginn, wo Ihre Grenzen liegen. Legen Sie Ihre Verkaufsbedingungen dar, Ihre Garantiebeschränkungen und das „Kleingedruckte", wenn es Derartiges bei Ihnen gibt. Halten Sie nur das absolut Notwendigste fest, zum Beispiel: „*Weil wir Sie als Kunden schätzen, möchten wir Ihnen zur Kenntnis geben, dass diese Ware deshalb herabgesetzt ist, weil sie kleine, oft unsichtbare Mängel aufweist.*" Oder: „*Dieser Artikel ist ein Secondhand-Artikel. Deshalb können wir nur 30 Tage Garantie gewähren.*"

2.Übermitteln Sie Ihre Botschaft auf einem einfachen und kostengünstigen Weg.

Beispiele: Fügen Sie die Botschaft einem regulären Mailing bei, hängen Sie ein großes Schild in den Geschäftsräumen auf, versehen Sie Etiketten, Rechnungen, Gebrauchsanweisungen, Prospekte, Visitenkarten, das Produkt und alles, was sich bedrucken lässt, mit der *„Beschwerden-sind-willkommen-Botschaft.''*

Einfache Wege

Noch ein Tipp: Verzichten Sie bei jeder Art von Kommunikation auf Negativbegriffe wie „Sorgentelefon'' oder „Kummerkasten'', wenn Sie irgendeinen Kanal einrichten möchten, auf dem die Unzufriedenen ihren Frust ablassen. Formulieren Sie es lieber in Form eines Serviceversprechens. Vorbildlich hier das Reklamationsmanagement der IBIS-Hotels: Hier wird versprochen, jedes Problem innerhalb von 15 Minuten zu lösen, das während des Hotelaufenthaltes aufgetreten ist und für das sich das Hotel verantwortlich fühlt. Auf der Rückseite dieses Flugblattes sind beispielhaft und auf humorvolle Art Probleme wie solche beschrieben: „Der Bitte eines Gastes nach einem federfreien Kopfkissen kamen die Mitarbeiter innerhalb von zehn Minuten nach. Das Trösten eines sehr hoch gewachsenen Gastes, der sich an der Badezimmertür heftig den Kopf gestoßen hatte, dauerte 2 Minuten. Und die Beseitigung einer lästigen Fliege gelang in 10 Minuten und 32 Sekunden.''
Positiv sind gleich zwei Dinge: Die Reklamationsfreudigkeit der Gäste wird auf positive Art angeregt: Die angeführten Beispiele ermutigen dazu, sich auch mit vermeintlich kleinen Dingen an das Personal zu wenden. Zum anderen wirkt diese klare Selbstverpflichtung auch nach innen und signalisiert dem Gast, dass er hier wirklich ernst genommen wird.

Verzichten Sie auf Negativbegriffe

3. Verkünden Sie die Botschaft in Ihrem Einzugsgebiet.

Betreiben Sie Public Relations

Damit unterscheidet sich der Profi vom Amateur. Geben Sie bekannt, dass Sie Beschwerden willkommen heißen:

- ▸ bei staatlichen und kommunalen Einrichtungen, Verbraucherorganisationen, Beratungsdiensten,
- ▸ bei Industrie- und Handelskammern,
- ▸ beim Gewerbeamt,
- ▸ bei Verbrauchertelefonen von Zeitungen, Rundfunk und Fernsehen,
- ▸ halten Sie Reden zu diesem Thema bei jeder möglichen Gelegenheit,
- ▸ verbreiten Sie Ihre Botschaft über die Massenmedien, greifen Sie zum Telefon und sprechen Sie mit Ihren Kunden.

Gutes Empfehlungsmarketing braucht die Unterstützung durch PR-Arbeit. Wenn Ihnen diese Fähigkeit nicht in die Wiege gelegt wurde, suchen Sie bei Ihren Mitarbeitern nach verborgenen Talenten oder heuern Sie einen Profi an. Aber nur dann, wenn Sie wirklich etwas zu sagen haben. Banalitäten will kein Mensch hören.

Sie haben keine Probleme, wenn sich Ihre Kunden massenweise bei Ihnen beschweren. Sie haben nur dann Probleme, wenn Kunden stillschweigend zur Konkurrenz abwandern und schlecht über ihre Leistungen reden.

Jerry Wilson

So gehen Sie mit Reklamierern um

Lernen Sie zuerst, mit Ihren Fehlern zu leben, und dann, sie zu vermeiden.

Wenn Sie es geschafft haben, Ihren Kunden von einem frustrierten Schweiger zu einem aktiven Beschwerdeführer zu machen, haben Sie überdies die Chance, einen begeisterten Empfehler und Stammkunden zu gewinnen – aber nur dann, wenn Sie professionell auf die Klagen reagieren. Ansonsten verschlimmern Sie die ganze Sache. Warum ist gerade eine Reklamation die allerbeste Gelegenheit, einen echten Fan zu gewinnen? Natürlich spielen auch hier die Erwartungen die zentrale Rolle: Zu keinem Zeitpunkt einer Geschäftsbeziehung sind die Erwartungen Ihres Kunden tiefer in den Keller gerutscht als kurz vor der Beschwerde – und zu keinem Zeitpunkt ist es einfacher, sie zu übertreffen! Natürlich hofft er, dass Sie freundlich, kulant und hilfsbereit sein werden – doch ganz tief drinnen wird er erwarten und befürchten,

> **Reagieren Sie professionell – alles andere macht es schlimmer**

- dass er auf Widerstand stößt,
- dass Sie mit ihm zunächst einmal die Schuldfrage diskutieren werden
- und dass er schlimmstenfalls als lächerlicher Versager und Trottel dasteht.

Kommt Ihnen das übertrieben vor? Hier meine allerliebste Reklamationsgeschichte:

Im Restaurant: Die Soße ist so salzig, dass sie wirklich ungenießbar erscheint. Sehr freundlich bittet ein Gast, man möge das Gericht doch bitte austauschen, und lässt den Teller zurückgehen. Umgehend erscheint der Chefkoch, bewaffnet mit einem Teelöffel und dem strittigen Teller, am Tisch und probiert vor den Augen des verschreckten Gastes die Soße. Mit triumphierendem Blick verkündet er sodann den übrigen Restaurantbesuchern, welche die ganze Prozedur höchst gespannt verfolgt hatten: „Ich hab's doch gleich gesagt – es ist gar nicht versalzen!"

Solche und ähnliche Horrorstorys hat jeder schon einmal gehört oder gar selbst erlebt. Tief in unserem Bewusstsein hat sich darum die Erwartung verankert, dass es im Reklamationsfall normalerweise nichts als Ärger gibt. Das ist Ihre Chance!

„Enttäuschen" Sie die negativen Erwartungen Ihres reklamierenden Kunden und reagieren Sie professionell auf seine Klagen.

Wenn ein wütender und aufgebrachter Kunde vor Ihnen steht, dann bedeutet das immer, dass er Angst hat. Nehmen Sie ihm diese Angst, indem Sie freundlich, verständnisvoll, kulant und herzlich reagieren und der Versuchung widerstehen, der Aggression Ihres Kunden auf der gleichen Ebene zu begegnen. Wenn Sie die Erwartung geweckt haben, dass Beschwerden willkommen sind, dürfen Sie diese Erwartung um Himmels willen nicht enttäuschen! Ansonsten steigern Sie die negative Mundpropaganda. Rezepte, wie man am besten auf Reklamationen reagiert, gibt es viele. Mir persönlich gefällt am besten die Version von *Jerry Wilson:*

Erster Atemzug:
Anerkennen, dass der Kunde verärgert ist.

Ärger anerkennen

Holen Sie Luft. Wenn der Kunde Dampf abgelassen hat und Sie an der Reihe sind, brauchen Sie nur den gesunden Menschenverstand einzuschalten und zu sagen: *„Ich sehe, dass Sie verärgert sind"*. Damit haben Sie dem Grundbedürfnis eines jeden Menschen Beachtung gezollt: Gerade der verärgerte Kunde wünscht Aufmerksamkeit. Was er nicht wünscht, wenn er schon die Mühe einer Beschwerde auf sich genommen hat, ist abgewiesen oder ignoriert zu werden. Denn der Kunde, der beschlossen hat, sich zu beschweren, hat die Angst überwunden, dumm dazustehen. Trotzdem ist er vorsichtig, vielleicht sogar nervös, und wartet nur darauf, seinerseits auf Ihre Reaktion zu reagieren. Sie schulden dem Kunden eine höfliche Reaktion – selbst wenn der Fehler nicht bei Ihnen liegt. Denken Sie nur an den Zeitverlust des Kunden, den Fahrtaufwand, den Versuch, das Produkt wieder zusammenzulegen oder -setzen und zu verpacken (es passt nie in die Originalverpackung) oder die Mühe, den Abfall nach Preisschild und Kassenzettel zu durchsuchen. Der Kunde hat all dies und noch mehr bereits in die Beschwerde investiert. Zollen Sie ihm Respekt. Holen Sie Luft. Erkennen Sie an, dass der Kunde aufgebracht ist.

Zweiter Atemzug:
Eine traurig-frohe Aussage machen

Freude und Bedauern ausdrücken

Als Nächstes sollten Sie Ihr Bedauern und Ihre Freude ausdrücken. *„Es tut mir Leid, dass Sie ein Problem haben; und ich bin froh dass Sie es mir zur Kenntnis bringen."* Denn in der Tat: Sie können heilfroh sein, dass der Kunde seinem Ärger bei Ihnen Luft macht und es nicht 33 potenziellen Neukunden erzählt! Beliebte, aber unter allen Umständen zu vermeidende Antworten sind *Killerphrasen* wie:

▶ Diese Abteilung ist nicht zuständig!

▶ Wie lautet Ihre Kundennummer?

▶ Der zuständige Mitarbeiter ist im Moment nicht da, und so weiter und so weiter.

Hilfe versprechen

Dritter Atemzug:
Eine positive Aussage machen

Wahrscheinlich haben Sie nun Ihren Kunden schon auf Ihrer Seite, denn heutzutage ist man so sehr an Ärger bei Reklamationen gewöhnt, dass man bei einer derart positiven Reaktion erst einmal verblüfft ist. Machen Sie die Überraschung komplett, indem Sie sagen: *„Ich werde mich sofort persönlich um Ihr Problem kümmern"*.

Offene Fragen stellen

Vierter Atemzug:
Die „magische" Frage stellen

Während sich die Wut nun endgültig in Überraschung wandelt, haben Sie Zeit, die magische Frage zu stellen: *„Was kann ich tun, um Sie zufrieden zu stellen?"* So eine offene Frage wird normalerweise aus einem tiefen Misstrauen dem Kunden gegenüber nicht gestellt, weil man Antworten wie folgende befürchtet: „Ein Scheck über eine Million Dollar würde mich zufrieden stellen" – „Anstatt mir das Geld für die Haarbürste zurückzuerstatten, könnten Sie mir Ihren Laden überschreiben – das ist das Einzige, was mich zufrieden stellen kann." „Geben Sie mir Ihren Erstgeborenen." – und so weiter. Eine offene Frage schließt natürlich theoretisch solche Antworten ein. Die Wahrscheinlichkeit ist aber äußerst gering, dass es tatsächlich so weit kommt. In der Regel will der Kunde nichts weiter als einen angemessenen Schadensersatz oder eine Entschuldigung. Wenn schon bei Annahme der Beschwerde klar ist, dass die Wiedergutmachung eine ziemlich komplizierte Angelegenheit wird, sagen Sie: *„Ich werde mich zuverlässig in einer halben Stunde bei Ihnen melden und sage Ihnen dann, wie wir die Sache regeln werden."* Und dann halten Sie diesen Zeitplan auch ein.

Wie Sie sehen, ist das Reklamationsmanagement eine Angelegenheit, an der alle Mitarbeiter des Unternehmens mitwirken müssen. Denn eine reibungslose Wiedergutmachung erfordert unter Umständen eine höchst flexible Organisation und viel Motivation bei den Mitarbeitern. Im Idealfall kann jeder, der auch nur ansatzweise die Möglichkeit hat, mit Kunden in Kontakt zu treten, mit Beschwerden umgehen und zum so genannten Reklamationsinhaber werden. Der Reklamationsinhaber (also derjenige, bei dem sich der Kunde zuerst beschwert) ist dafür verantwortlich, sämtliche Wiedergutmachungsprozesse einzuleiten und abzuwickeln. Dabei muss er sich der Unterstützung durch seine Kollegen sicher sein können. Wenn Sie sehr motivierte und begeisterte Mitarbeiter haben, dann wird deren Bereitschaft, sich Klagen über Ihre Leistungen anzuhören, nicht besonders ausgeprägt sein. Haben Sie Mitarbeiter, die sich überwiegend in der inneren Kündigung befinden, werden sich diese besonders gern Klagen über Ihr Unternehmen anhören („Ja, ich sage auch immer, dass das hier ein Saftladen ist. '). Beides ist nicht besonders vorteilhaft für Sie. Abhilfe schafft gutes Training. Die Fähigkeit, Kritik zu ertragen, wird uns normalerweise nicht in die Wiege gelegt, sondern muss fast immer erlernt werden – es sei denn, man gehört zur Gruppe der eingefleischten Masochisten.

Reklamationsmanagement erfordert Flexibilität und hohe Motivation

**Erwartungen
übertreffen**

**Fünfter Atemzug:
Eine Abmachung treffen und Bonusstufe**

Das, was der Kunde sich als Wiedergutmachung vor-
stellt, wird im fünften Schritt vereinbart. Damit ist die
Gefahr negativer Mundwerbung gebannt. Damit nun
endgültig positive Mundwerbung aus der Reklamation entsteht, folgt auf Schritt fünf die Bonusstufe.
Noch einmal zur Erinnerung: Mundwerbung entsteht
durch das Übertreffen oder Enttäuschen von Erwartungen. Darum sollten Sie über die vom Kunden
gewünschte Wiedergutmachung hinaus noch etwas
tun, um sicherzustellen, dass er positiv über Sie
reden wird. „Ich werde Ihnen das geben, worum Sie
mich bitten, *und noch ein bisschen mehr.*"

Können Sie Ihren Kunden vertrauen?

**Die „Schuldfrage"
ist keine Frage**

Ist Ihnen an diesem Verfahren etwas aufgefallen? Zu
keinem Zeitpunkt wurde die „Schuldfrage" disku-
tiert. Die Tatsache, dass der Kunde der Meinung ist,
dass der Fehler nicht bei ihm selbst liegt, reicht als
„Beweismittel" völlig aus. Ganz ehrlich: Was würde
es bringen, dem Kunden sein objektives Verschul-
den in langwierigen Diskussionen nachzuweisen? Er
kommt sich am Ende doch nur wie ein Idiot vor und
ist mit Sicherheit für ewig und alle Zeiten für Sie verloren. Außerdem wird er keine Gelegenheit auslas-
sen, Sie bei anderen anzuschwärzen. Heißt das also,
dass automatisch für jede Reklamation sofort und
ohne nach den Ursachen zu fragen Schadensersatz
geleistet werden soll?

**Grenzen der
Großzügigkeit**

Natürlich hat die Großzügigkeit irgendwann einmal
eine Grenze – nämlich dann, wenn Ihre ganz persönliche Schmerzgrenze überschritten wird, zum Beispiel aus folgenden Gründen:

- ▶ Der Schaden wurde objektiv nicht durch Ihr Unternehmen verursacht, und eine Wiedergutmachung steht in keinem Verhältnis zum Wert der Geschäftsbeziehung (selbst unter Berücksichtigung der Tatsache, dass der betreffende Kunde negative Mundwerbung betreibt).
- ▶ Der Kunde will Sie erkennbar und mit voller Absicht über den Tisch ziehen. Dieser Fall ist aber äußerst selten.

Gehen Sie ruhig davon aus, dass Ihre Kunden Sie nicht betrügen wollen. Ängste, dass Kunden eine großzügige Haltung in Reklamationsfragen ausnutzen, sind aller Erfahrung nach unbegründet.

Beispiel: Das amerikanische Versandhaus *Lands' End* gibt seinen Kunden die Garantie, jedes Produkt ein Leben lang zurückzunehmen, wenn es – aus welchen Gründen auch immer – die Erwartungen nicht erfüllt. Befürchtungen, dass täglich tausende von abgetragenen Pullovern, Hosen und Jacken bei Lands' End hereinbrechen, weil sie ihren Besitzern plötzlich nicht mehr gefallen, haben sich nicht bewahrheitet: Von sage und schreibe 22 Millionen Kunden haben erst 2.000 von ihrem Rückgaberecht Gebrauch gemacht. Ganz offensichtlich ist es so, dass Vertrauen auch Vertrauen schafft. Je ehrlicher Sie Ihren Mitmenschen (und dazu zählen auch und vor allem Ihre Kunden) gegenübertreten, desto mehr Ehrlichkeit werden Sie zurückbekommen.

Vertrauen schafft Vertrauen

Können Sie es sich leisten, ähnlich großzügig zu sein wie Lands' End? Oder befürchten Sie, dass ein beträchtlicher Teil Ihrer Kunden zum Lügen und Betrügen neigt? Dann machen Sie sich einmal mit dem Phänomen der „Projektion" bekannt: Oft ist es so, dass man anderen genau die Verhaltensweisen

Projizieren Sie nicht Ihre eigenes Misstrauen auf andere!

und Überzeugungen unterstellt, die man selbst hat, gern hätte oder vor denen man sich fürchtet. Wenn Sie Ihre Kunden für Betrüger halten, die nichts anderes wollen, als Ihnen den letzten Cent aus der Tasche zu ziehen, dann liegt das vielleicht daran, dass Sie im Stillen Ihren Kunden selbst nur als Umsatz-Maschine verstehen und lediglich an seinem Geld, nicht aber an seinem Wohlergehen interessiert sind.

Natürlich gibt es auch Betrüger und Gauner auf der Welt. Aber wollen Sie alle Kunden wie potenzielle Verbrecher behandeln, obwohl 99,9 Prozent im Grunde ehrlich sind und nur das verlangen, was sie fairerweise erwarten können? Darum: Schenken Sie Vertrauen! Es lohnt sich.

Immer wenn Sie der Meinung sind, dass der Kunde auf jeden Fall eine Mitschuld trägt – etwa, weil eine Maschine wegen eines Bedienungsfehlers kaputt gegangen ist –, dann fragen Sie sich doch zunächst einmal, ob Sie wirklich alles getan haben, damit der Schaden hätte verhindert werden können. War die Bedienungsanleitung einfach und verständlich? Haben Sie dafür gesorgt, dass der Kunde keinen Fehler machen konnte? Sie können getrost davon ausgehen, dass er seinen defekten Hochdruckreiniger (Rolls Royce, Rasierapparat, Heckenschere etc. etc.) nicht kaputt gemacht hat, weil er gerade nichts Besseres vor hatte und Ihnen mit der Reklamation den Tag vermiesen wollte.

Ewig Misstrauische werden nun als „Beweis'' für die Schlechtigkeit der Menschen die Reisebranche anführen. Dort ist es mittlerweile ein Volkssport, jeden erdenklichen Anlass zu benutzen, um Minderungen des Kaufpreises durchzudrücken. Im Grunde ist dies aber kein Wunder: Jahrelang wurden den Kunden in Prospekten und TV-Spots eine heile Welt an unberührten Stränden vorgegaukelt und damit völlig unrealistische Erwartungen geweckt. Dass sich dieser Frust nun in einer massiven Gegenbewegung manifestiert, ist – bei Lichte betrachtet – geradezu normal.

Jeder Kunde, der sich beschwert hat, sollte als VIP, also als besonders wichtige Person, behandelt werden. Er verdient es, in Zukunft mit größter Aufmerksamkeit bedient zu werden, denn er wird sich Ihnen gegenüber loyaler als fast jeder andere Kunde verhalten.

Jeder Reklamierer ist ein VIP

5 Gründe, warum Sie sich über Reklamationen freuen sollten:

► *Nie ist die Gelegenheit, einen begeisterten Stammkunden und Weiterempfehler zu gewinnen, größer als im Beschwerdefall.*

► *Nur wenn jemand reklamiert haben Sie die Chance, negative Mundwerbung und Umsatzeinbußen abzuwehren.*

► *Sie behalten einen Kunden, der sonst höchstwahrscheinlich verloren wäre.*

► *Jeder Reklamierer ist ein kostenloser Unternehmensberater – er gibt Ihnen Hinweise für höchst effiziente Leistungsverbesserungen.*

► *Je früher Sie auf einen Fehler aufmerksam gemacht werden, desto eher können Sie ihn abstellen und damit verhindern, dass noch weitere Kunden schlechte Erfahrungen machen.*

Diese Erfahrungen werden von praktisch allen Untersuchungen zum Thema „Beschwerden" gestützt. Eine interne *VW-Studie* hat beispielsweise ans Licht gebracht, dass 54 bis 70 Prozent aller Reklamierer, die mehr als zufrieden gestellt wurden, zu Dauerkunden wurden. Auf sensationelle 95 Prozent stieg diese Quote, wenn sehr schnell auf die Beschwerde reagiert wurde.

Kundenbindung durch optimales Beschwerdemanagement

Aus solchen Zahlen kann man eigentlich nur einen Schluss ziehen: Wer engagierte Stammkunden haben will, muss lediglich einen Fehler begehen und diesen in kürzester Zeit zur vollsten Zufriedenheit des Kunden wieder gutmachen. Diese Strategie hat allerdings einen kleinen Schönheitsfehler: Sie funktioniert nur, wenn sich wirklich alle Kunden beschweren, denn ansonsten erreicht man genau das Gegenteil: Die negative Mundwerbung nimmt rasant zu. Wer absichtlich Fehler macht, hat es allerdings leicht, diese wieder gutzumachen, und er ist auch nicht unbedingt auf die Mitarbeit des Kunden angewiesen. Angeblich soll es bereits Firmen in den USA geben, die auf diese Art erfolgreich für begeisterte Kunden und Neugeschäft durch Empfehlungen sorgen. Der Wahrheitsgehalt dieser Flüsterpropaganda sei einmal dahingestellt ...

Fest steht: Beschwerdemanagement ist ein ausgezeichnetes Instrument der Kundenbindung und Mundwerbung. Alle Untersuchungen zeigen, dass die Zufriedenheit von Kunden, auf deren Reklamation gut reagiert wurde, signifikant höher liegt als die der „Normalverbraucher".

Checkliste Reklamationsmanagement

▶ Welche Erwartungen werden durch meine Werbung geweckt?

_____

_____

_____

▶ In welche Richtung müssen die Erwartungen meiner potenziellen Kunden in Zukunft gesteuert werden, um Enttäuschungen zu vermeiden?

_____

_____

_____

▶ Wie komme ich künftig mit meinen Kunden ins Gespräch, um herauszufinden, was an meinen Produkten/Leistungen verbesserungswürdig ist?

_____

_____

_____

▶ Welche konkreten Schritte werde ich einleiten, damit meine Kunden jederzeit Gelegenheit haben, mit Mitarbeitern meines Unternehmens zu sprechen?

_____

_____

_____

▶ Auf welchen Wegen werde ich meinen Kunden bekannt machen, dass Anregungen und Beschwerden jederzeit höchst willkommen sind?

_____

_____

_____

▶ Welche Mitarbeiter werden zuständig für das Beschwerdemanagement sein, und welche Art von Unterstützung benötigen sie?

_____

_____

_____

▶ Wer wird für die Auswertung der Reklamationen zuständig und mit der notwendigen Kompetenz ausgestattet sein, damit diese Fehler künftig nicht mehr vorkommen?

_____

_____

_____

► Wer wird die Mitarbeiter in der Fähigkeit trainieren, Beschwerden anzunehmen und freundlich darauf zu reagieren?

_____

_____

_____

► Welchen Inhalt werden die „Entschuldigungspakete" haben?

_____

_____

_____

Das Wichtigste in Kürze:

Eine Reklamation ist die beste Gelegenheit, um für positive Mundpropaganda zu sorgen.

Bringen Sie im Reklamationsfall unter allen Umständen Ihren Kunden dazu, sofort mit Ihnen zu reden, statt bei anderen negative Mundwerbung zu betreiben.

Vermeiden Sie – von Ausnahmefällen abgesehen – Schuldzuweisungen. Einen Streit mit einem Kunden können Sie nie gewinnen.

Ein Kunde, der sich beschwert hat, muss künftig als VIP behandelt werden, denn er wird loyaler sein als jeder andere Kunde.

So bauen Sie Ihr Beziehungsnetzwerk auf

Haben Sie schon festgelegt, für welche Leistungen Sie empfohlen werden wollen? Und wissen Sie vor allem, bei welchen Kunden Sie ins Gespräch kommen wollen? Prima! Denn jetzt können Sie sich daran machen, Empfehlernetzwerke aufzubauen.

Empfehlungsmarketing funktioniert bei manchen Produkten, ohne dass Anbieter und Endverbraucher irgendetwas miteinander zu tun haben müssen. So brauchen Sie beispielsweise weder den Produzenten Steven Spielberg noch die Schauspielerin Sharon Stone höchstpersönlich zu kennen, um Ihren Freunden einen ihrer Kinofilme weiterzuempfehlen. Das Gleiche gilt für Markenartikel: Auch ohne freundschaftliche Kontakte zum Vorstand von BMW zu pflegen, werden Sie Freunden zum Kauf eines Z4 raten, wenn Sie von diesem Auto total begeistert sind. Spätestens hier wird die Sache allerdings nicht mehr so ganz eindeutig. Denn selbstverständlich zählt auch beim Autokauf der Faktor „Mensch": Je mehr Service und persönliche Wertschätzung der Kunde bei seinem jeweiligen Vertragshändler erfährt, desto eher wird er sich für das Haus – und die Marke – engagieren.

Je mehr Automation, desto wichtiger werden menschliche Beziehungen

Expertenmeinungen zufolge werden wir zwar in nicht allzu ferner Zukunft einen großen Teil unserer Geschäfte via Computer erledigen – aber gerade deswegen wird der menschliche, emotionale Kontakt einen immer größeren Stellenwert bekommen.

Routinetätigkeiten wie Einkaufen, Geld überweisen oder Flugtickets buchen werden mehr und mehr von PC und Terminals übernommen – doch überall dort, wo eine besondere Vertrauensstellung zwischen Käufer und Verkäufer erforderlich ist, wird die Fähigkeit, Beziehungen herzustellen und zu pflegen, ganz besonders wichtig sein.

„Je mehr sich die neuen Informationstechnologien im Alltag ausbreiten, desto größer wird der Wunsch nach persönlichen Kontakten sein."

Horst Opaschowski, BAT Freizeitinstitut

Doch wie sieht es eigentlich aus mit unserer Beziehungsqualität?

Der Website von Nicole Kobjoll kann man folgende schöne Anekdote entnehmen: Auf ihren Flügen nach Deutschland verteilt man bei der US-Fluggesellschaft North-West-Airlines ein Merkblatt, auf dem neben Tipps zu Wetter, Einreisebestimmungen und Wechselkursen auch folgender Hinweis steht: „Besuchern aus den USA kommen Verkäuferinnen und Bedienungspersonal unterkühlt und abweisend vor. Dieses Verhalten ist für das Dienstleistungsgewerbe in Deutschland völlig normal und ist nicht unhöflich gemeint."

In Zukunft wird mehr denn je das „Sowohl als auch" gelten: Sowohl Entpersonalisierung und Automatisierung als auch Marketing über Empfehlernetzwerke und Beziehungsmanagement werden den Kundenalltag bestimmen. Gerade weil man sehr viele Dienstleistungen aus Kostengründen durch

Beispiel:
Strukturvertrieb

115

Technik ersetzt, werden die menschlichen Grundbe-
dürfnisse nach Kommunikation, Zuwendung und
Anerkennung wichtiger werden. So wird beispielsweise dem so genannten Multi-Level-Marketing
(MLM, auch Strukturvertrieb genannt) eine rosige
Zukunft vorhergesagt. Erfolgreiche Vertreter dieser
Spezies sind *Avon* (Kosmetik), *Tupperware* (Haus-
haltswaren) und *Nikken* (Gesundheitsprodukte). Das
MLM lebt ausschließlich davon, die Produkte über
die Beziehungsnetzwerke der Kunden zu vertreiben.
Besonders engagierte Käufer werden zu Vertriebs-
partnern gemacht, die wiederum ihren Bekanntenkreis abdecken, dort nach weiteren Vertriebspart-
nern suchen, die wiederum ihren Bekanntenkreis
abgrasen, und so weiter und so fort. Verkauft wird
überwiegend im heimischen Wohnzimmer, meist in
Verbindung mit Essen, Trinken und Plauderei. Die
Kunst des MLM besteht darin, die Netzwerke anderer zu nutzen und Beziehungen zu anderen Menschen herzustellen. Wahre Netzwerk-Magier bringen es mit dieser Vertriebsform zu Jahreseinkom-
men in Millionenhöhe – ohne nennenswerten Kapi-
taleinsatz und ohne formales Schulwissen!

*„Netzwerke sind dazu da, jedes Problem mit drei Tele-
fonaten zu erledigen."*

Carol Kleinman

**Ein bisschen
Netzwerk-Theorie**

Das Empfehlungsmarketing lebt von zwei sehr
menschlichen Eigenschaften:

▶ Menschen helfen gerne und geben mit Vorliebe
  Ratschläge – das heißt, sie versorgen andere ungefragt mit Informationen und Tipps, wenn sie
  glauben, dass es dem anderen etwas nutzt.

► Menschen brauchen Anerkennung – das heißt, sie empfehlen etwas Gutes nicht nur, um dem anderen zu helfen, sondern auch, um Dankbarkeit zu ernten.

Es ist also ein ganz natürliches menschliches Bedürfnis, anderen durch eine Weiterempfehlung (oder durch andere Dinge) zu helfen. Diese „anderen" sind das, was man ein „Netzwerk" nennt: *die Gesamtheit aller sozialen Kontakte auf der beruflichen und privaten Ebene.* Jeder Ihrer Kunden verfügt über ein Netzwerk. Und genau das gilt es für Ihre Zwecke zu aktivieren.

Netzwerk = alle sozialen Kontakte

Netzwerk-Experten schätzen, dass jeder Erwachsene mit 500 bis 1.000 Personen soziale Kontakte pflegt. Jeder dieser Bekannten verfügt ebenfalls über 500 bis 1.000 Kontakte. Und jeder könnte ein Interesse daran haben, Ihnen gute Ratschläge zu geben und Ihnen zu helfen, wenn Sie bereit sind, ihm dafür gebührende Aufmerksamkeit zu schenken. Rein theoretisch stehen Ihnen also über die Netzwerke Ihrer Kunden und Bekannten rund 1 Million Kontakte zur Verfügung, die Sie dazu nutzen können, Ihre eigenen Ziele zu erreichen.

Jeder Erwachsene verfügt über 500 - 1.000 soziale Kontakte

Netzwerke können Sie zu enorm vielen Zwecken einsetzen. *Venda Raye-Johnson* unterscheidet in ihrem Buch „Effective Networking" zwei wichtige Funktionen: *das Bewahren und das Entwickeln.*

Zwei Grundfunktionen von Netzwerken

Menschen aus dem Bewahrungsnetzwerk geben vor allem emotionale Unterstützung. Sie sorgen für das persönliche Wohlbefinden, geben Harmonie und Stabilität. Enge Freunde, Lebenspartner und Familie übernehmen diese Funktion.

Bewahren

117

Entwickeln

Im Entwicklungsnetzwerk befinden sich

- *Rollenvorbilder* – das sind Menschen, die wir mehr oder weniger bewusst nachahmen
- *Mentoren* – das sind Menschen, durch die man unterrichtet, beraten und betreut wird
- *Herausforderer* – das sind Menschen, die durch konstruktiven Widerspruch Ihre besten Eigenschaften zutage fördern
- *Sponsoren* – das sind Menschen, die Public Relations für Sie machen, Ihnen Türen öffnen und ihre Macht und ihren Einfluss dazu nutzen, um Ihnen neue Chancen zu eröffnen.

Auf den ersten Blick sind im Rahmen des Empfehlungsmarketings in erster Linie die Sponsoren interessant – schließlich sollen Ihre Kunden genau diese Rolle übernehmen: kostenlose Werbung für Ihre Leistungen machen, Interessenten dazu bringen, mit Ihnen Kontakt aufzunehmen, und Ihnen den Zugang zu anderen Netzwerken verschaffen. Weit gefehlt!

Nutzen Sie Ihre Kunden als Ratgeber und Förderer

Ihre Kunden können im Grunde genommen alle Entwicklungsrollen innerhalb Ihres Netzwerkes übernehmen. Je mehr Sie Ihren Kunden erlauben, Ihnen zu helfen, desto besser können sie auch die Sponsoren-Rolle übernehmen. Erinnern Sie sich an Kapitel 2: Hier haben Sie festgestellt, wie wichtig die Konzentration auf die Wünsche, Bedürfnisse und Probleme einer fest umrissenen Zielgruppe für Ihre empfehlenswerte Spitzenleistung ist. Nutzen Sie Ihre Kunden darum nicht nur als Umsatz- und PR-Quelle, sondern auch als Ratgeber und Förderer:

Kritk bringt Sie weiter

Der Kunde als Herausforderer.

Wenn es niemanden gibt, der Sie zwingt, das, was Sie tun, kritisch in Frage zu stellen und zu verbessern, rutschen Sie über kurz oder lang ins Mittelmaß ab. Es wird Ihnen höchstwahrscheinlich gehörig auf die Nerven gehen, wenn Sie sich Kritik und Widerspruch anhören müssen. Verändern Sie Ihre Einstellung zur Kritik – betrachten Sie diese als kostbare Lerngewinne. Kleiner Tipp: Suchen Sie sich Herausforderer, zu denen Sie ein offenes und herzliches, aber kein zu enges Verhältnis haben. Dann können Sie sicher sein, ehrlich und fair kritisiert zu werden.

Geben Sie sich die Chance, das Beste zu geben. Lassen Sie sich von Ihren Kunden herausfordern!

Der Kunde als Mentor.

Es gibt keine effektiveren und preiswerteren Unternehmensberater als Ihre Kunden. Die Bereitschaft, zu helfen und zu betreuen, ist (siehe oben) ein menschliches Grundbedürfnis und auch bei Ihren Kunden mehr oder weniger ausgeprägt. Sie verfügen über Know-how und Kontakte, die Sie zur Perfektionierung Ihrer Leistungen nutzen können. Allein dadurch, dass Ihnen Ihr Kunde seine Wünsche und Bedürfnisse verrät, hat er Ihnen extrem wichtige Hilfestellung geleistet. Darüber hinaus kann er Ihnen helfen, komplexe Probleme zu lösen. Vermeiden Sie es aber, bei Ihrem Kunden die Rolle des Hilfsbedürftigen zu spielen, und verpacken Sie Ihr Hilfegesuch so geschickt wie möglich.

Lassen Sie sich in puncto Kundenwünsche beraten

Beispiel: Sie haben einem Kunden, zu dem Sie eine langjährige vertrauensvolle Beziehung pflegen, ein neues, innovatives Testangebot unterbreitet und warten nun auf seine Resonanz. Doch statt der erhofften Zustimmung bekommen Sie einen Korb – der Kunde sagt „nein". Fragen Sie ihn nun um himmelswillen-

nicht „Warum" – er wird dann nämlich nichts als negative Energie und Ablehnungen produzieren. („Weil es zu groß/zu klein, zu einfach/zu kompliziert ist ..." etc.) Fragen Sie besser: *„Unter welchen Umständen würden Sie das Angebot annehmen?"* – So gefragt, wird der Kunde positive Energie und Kreativität freisetzen – er wird sich unmittelbar an der Problemlösung beteiligen und Ihnen helfen.

Der Kunde als Rollenvorbild.

„Du kannst einen anderen nur dann verstehen, wenn du einige Meilen in seinen Mokassins gelaufen bist" lautet eine alte Indianerweisheit. Auf das Empfehlungsmarketing bezogen bedeutet das: Nur wer sich ganz und gar in die Lage seiner Kunden hereinversetzen kann, wird seinen Bedürfnissen und Wünschen auf die Spur kommen. Nehmen Sie sich Ihren Kunden zum Vorbild, versetzen Sie sich in seine Rolle, ahmen Sie ihn nach. Wenn Sie Hotelier sind, bewegen Sie sich als Gast in Ihrem eigenen Haus und übernachten Sie einmal in einem Ihrer Gästezimmer. Wenn Sie eine Supermarktkette besitzen, verbringen Sie einen Tag mit Einkaufen und schauen Sie sich Ihre Kunden an – Sie werden viele erstaunliche Entdeckungen machen.

Beispiel: *„Wir sind der beste Problemlöser in der Spülküche"* lautet das Unternehmensziel der Firma Winterhalter in Meckenbeuren am Bodensee. Winterhalter ist weltweit Marktführer für Spülsysteme in der Hotellerie und Gastronomie. Damit der Führungskräfte-Nachwuchs an der Realisierung dieses ehrgeizigen Unternehmenszieles nach Kräften mitwirken kann, absolviert jeder Neueinsteiger einen einwöchigen Spüldienst in einem bayerischen Landgasthof. Denn wer einmal tagelang zwischen Dampf und Küchenabfällen schwere Geschirrkörbe be- und

Versetzen Sie sich in die Kundenrolle

Recherchieren Sie vor Ort

120

entladen hat, weiß ganz bestimmt, wie er höchst persönlich dazu beitragen kann, für diesen Arbeitsplatz wirklich der beste Problemlöser zu sein. Und natürlich kann er nun spielend leicht zu (potenziellen) Kunden in Beziehung treten.

Beziehungsnetzwerke lassen sich also für alle möglichen Zwecke nutzen. Im Rahmen des Empfehlungsmarketings sind besonders zwei Verwendungszwecke interessant:

1. Für Innovationen, also für Leistungsverbesserungen, die Sie bei Ihrer Zielgruppe ins Gespräch bringen.

2. Für den Verkauf, also zur Gewinnung von Neukunden und Multiplikatoren.

Netzwerke nutzen für Innovationen

„Sie können jeden Menschen auf der Welt über zwei Kontakte erreichen", behauptet *John Naisbitt*, Mega-Trend-Forscher und Netzwerk-Guru. Wollen Sie mit Boris Becker ins Gespräch kommen? Kein Problem! Naisbitt zufolge kennen Sie mit Sicherheit jemanden, der jemanden kennt, der Boris Becker kennt. Nein? Dann haben Sie vielleicht nicht intensiv genug in Ihrem Bekanntenkreis geforscht. Was glauben Sie - wer ist die drittgrößte Wirtschaftsmacht weltweit? Nein, es ist nicht die Bundesrepublik Deutschland und auch nicht Russland – es ist nicht einmal ein Staat im herkömmlichen Sinne: Es sind, auch das hat Naisbitt herausgefunden, die Auslandschinesen, ein globales Netzwerk von Unternehmen, die durch Sip-

pen und Freundschaften miteinander verbunden
sind und eine ganz eigene Wirtschaftsmacht darstel-
len.

*Jeder hat einen Freund, der einen Freund hat, der ei-
nen Freund hat.*

**Höhere Effizienz
durch Kooperation**

Brauchen Sie Hilfe, um Ihren Kunden einen überzeugenden Nutzen zu bieten? Ebenfalls kein Problem –
Sie kennen garantiert jemanden, der jemanden
kennt, der über genau das verfügt, was Sie benötigen. Durch intelligente Kooperation mit anderen können Sie Ihre Effizienz um ein Vielfaches steigern und
Ziele erreichen, die Sie sich – wenn Sie sie allein
erreichen müssten – nicht einmal zu formulieren
trauen würden. Zugegeben: Die Kunst der Kooperation ist nicht ganz einfach zu erlernen. Und so ist es
auch nicht verwunderlich, dass schätzungsweise
jede zweite Geschäftspartnerschaft scheitert. Kein
Wunder: Ein Leben lang lernen wir, uns gegen andere durchzusetzen und im Wettbewerb zu bestehen.
Wie wir dagegen am effizientesten mit anderen kooperieren, wird nirgendwo systematisch gelehrt. Im
Gegenteil: Kooperatives Verhalten wird schon im
Kindesalter unterbunden – etwa beim Abschreiben
in der Schule. Dabei können exzellente Ergebnisse
erzielt werden, wenn es gelingt, unterschiedliche
Fähigkeiten zu bündeln und zu nutzen.

**Kooperation als Basis
für Networking**

Die Kunst der Kooperation ist die Basis für erfolgrei-
ches „Networking". Wie fast alles im Leben lässt sich
natürlich auch diese Kunst erlernen. Der Frankfurter
Systemforscher *Wolfgang Mewes* hat sich ausführlich
mit dem Thema „Kooperation" beschäftigt und hat
unter anderem folgende Erfolgsvoraussetzungen zu-
sammengetragen:

1. Strategie

Je klarer Ihre Strategie formuliert ist, desto leichter können Sie herausfinden, welche Menschen Ihnen weiterhelfen können und über welche Eigenschaften diese verfügen müssen.

Beispiel: Sie bieten Finanzdienstleistungen an und sind auf neu zu gründende Ingenieurbüros spezialisiert. Nun ergeben sich wunderbare Kooperationsmöglichkeiten mit allen Anbietern, die es auf die gleiche Zielgruppe abgesehen haben wie Sie, aber nicht mit Ihnen in Konkurrenzbeziehung stehen: Anbieter von PC- und Softwarelösungen für Ingenieurbüros, Innenarchitekten und Büromöbelhersteller, die auf die Einrichtung und Planung von Ingenieurbüros spezialisiert sind, und so weiter und so weiter. Solche Netzwerke von Spezialisten mit zielgerichtetem Know-how haben eine ganze Menge von Kooperationsmöglichkeiten:

Spezialisten – Netzwerke mit gleicher Zielgruppe

- ▶ gegenseitige Weiterempfehlung
- ▶ gemeinsame Projektabwicklung
- ▶ Marketing-Kooperationen
- ▶ gemeinsame Entwicklung innovativer Problemlösungen.

2. Nutzen und Gewinn für alle

Wenn's auch schwer fällt: Oberster Grundsatz jeder Netzwerk-Kooperation muss sein, einen möglichst großen Nutzen für *alle* zu erreichen – das eigene Gewinnstreben sollte man erst einmal hinten anstellen. Gewinn muss sein, aber – siehe Seite 44 – besser als „Abfallprodukt" einer Glanzleistung denn als primäres Ziel. Ganz oben rangiert der Kundennutzen. Und dann kommt der Nutzen der Netzwerk-Partner. Ihr potenzieller Kooperationspartner verfügt über etwas, das Sie haben wollen: Kunden, Know-

Eigenes Gewinnstreben zurückstellen

how, Kontakte oder anderes. Was sind Sie bereit, ihm dafür zu geben? Ihre Kunden? Ihr Know-how? Ihre Kontakte? Freund-schaft und Aufmerksamkeit? Egal, was es ist – sorgen Sie dafür, dass sich Geben und Nehmen im Gleichgewicht halten. Oder bieten Sie ganz einfach grundsätzlich mehr Nutzen, als Sie erhalten haben - das sichert Ihnen einen Netzwerk-Partner, der auch in Zukunft gern mit Ihnen zusammenarbeiten wird.

Komplementäre Fähigkeiten, geistige Harmonie

3. Unterschiedlichkeit und Gleichheit

Zum Thema Kooperationen kennt der Volksmund zwei sehr konträre Weisheiten: Sowohl *„Gleich und Gleich gesellt sich gern"* als auch *„Gegensätze ziehen sich an".* Wenn Sie beides bei der Wahl Ihrer Kooperationspartner beachten, haben Sie gute Erfolgsaussichten: Unterschiedlichkeit (Komplementarität) hinsichtlich der Fähigkeiten, Gleichheit bezogen auf geistige Harmonie und Geschäftsphilosophie.

Suchen Sie gezielt nach Kooperationspartnern

4. Engpässe erkennen und lösen

Gehen Sie nicht irgendwelche Partnerschaften und Verpflichtungen ein, weil es sich eben gerade so ergeben hat, oder weil man sich eben sympathisch ist, sondern suchen Sie gezielt nach Menschen, die Ihnen helfen können, Ihre Ziele zu erreichen. In aller Regel steht man immer vor einer ganzen Reihe von Problemen mit unterschiedlicher Wichtigkeit und Dringlichkeit. Nehmen Sie sich Zeit, suchen Sie nach dem größten Engpass, dem Kernproblem, und dann nach einem Menschen, der Ihnen helfen kann, dieses Problem zu lösen. Wenn Sie ein Kernproblem lösen, lösen sich die damit verbundenen Probleme fast automatisch mit oder vereinfachen sich zumindest.

Voraussetzungen für erfolgreiches Networking

Was muss man können, um erfolgreich in Netzwerken kooperieren zu können? Natürlich muss man über die Fähigkeit verfügen, Beziehungen zu anderen Menschen herzustellen. Darüber hinaus nennt *Venda Raye-Johnson* fünf wichtige Eigenschaften:

Persönliche Eigenschaften erfolgreicher Networker

Erfolgreiche „Networker"

- ► übernehmen Verantwortung dafür, ob sie bekommen, was sie wollen
- ► entschuldigen sich nicht dafür, dass sie um Hilfe bitten
- ► bieten anderen Hilfe an
- ► vergleichen sich nicht mit anderen
- ► akzeptieren Zurückweisungen als normale Rückschläge in ihrem Bestreben um Selbstbehauptung.

Noch einmal: Je klarer Ihre Strategie und je überzeugender Ihre Spezialisierung (Leistungsspitze) ist, desto leichter fällt Ihnen die Kooperation mit anderen.

Ein hervorragendes Beispiel dafür, wie man über die Aktivierung von Netzwerkpartnern überragende Erfolge erzielen kann, ist die Firma *IBB Technomess* aus Darmstadt. Diese Handelsgesellschaft, die auf den Vertrieb von Hochgenauigkeits-Messgeräten spezialisiert ist, wurde 1994 mit dem Innovationspreis des Landes Baden-Württemberg ausgezeichnet – für eine Kleinfirma, die sich „nur" mit Verkauf beschäftigt, eine sehr außergewöhnliche Leistung. Die Geschäftsführer von IBB hatten bei ihren Kunden einen sehr großen Bedarf an Messgeräten festgestellt, weil im Rahmen der ISO-9000-Zertifizierungen höhere Maßgenauigkeiten von Werkzeugen und Werkstücken verlangt wurden. Doch die wenigsten

125

Unternehmen waren in der Lage, mehrere hunderttausend Mark für Klima-Kammern und Messgeräte auszugeben. Gefragt war ein Gerät, das auch unter Normalbedingungen exakteste Messergebnisse auf den tausendstel Millimeter genau liefern konnte. Ein derartiges Gerät war aber nicht auf dem Markt verfügbar. Die zündende Idee von IBB-Geschäftsführer *Wolfgang Büttner* war, die jeweils größten Vorteile mehrerer bereits existierender Geräte in einem einzigen zu vereinen. Es gelang ihm, drei verschiedene Lieferanten zu bewegen, einzelne Komponenten zu einem neuen, hochinnovativen Gerät zusammenzufügen. Denn nun konnte man in Preiskategorien anbieten, die das Hochgenauigkeitsmessen auch kleinen und mittelständischen Firmen ermöglichte. Die ehemaligen Wettbewerber konnten sich leicht ausrechnen, dass sie nun Stückzahlen absetzen konnten, von denen sie als Einzelkämpfer nur träumen konnten.

Checkliste: Netzwerke nutzen für Innovationen

▶ Welche Personen kenne ich, die das uneingeschränkte Vertrauen meiner Zielgruppe besitzen?

_____

_____

_____

► Welche Probleme möchte ich mit Hilfe anderer lösen?

_____

_____

_____

► Wie lautet das Kernproblem?

_____

_____

_____

► Über welche Eigenschaften, Fähigkeiten und Mittel muss derjenige verfügen, der mir bei der Lösung des Kernproblems behilflich sein kann?

_____

_____

_____

► Wer kann mir behilflich sein, diese Personen ausfindig zu machen?

_____

_____

_____

▶ Welchen Nutzen kann ich einem potenziellen Netzwerk-Partner bieten?

_____

_____

_____

Netzwerke nutzen für den Verkauf

Wenn jeder Ihrer Kunden 500 bis 1.000 soziale Kontakte pflegt, bedeutet das rein theoretisch, dass er ebenso viele Neukunden-Kontakte für Sie herstellen kann. Tatsächlich wird nur ein Bruchteil dieser Kontakte für Sie wirklich interessant sein, denn schließlich gehört nicht jeder zu Ihrer Zielgruppe.

Der innere Kreis

Zum Kern eines persönlichen Netzwerkes gehört der so genannte innere Kreis. Dieser Kreis umfasst alle Menschen, mit denen man mehr oder weniger regelmäßig Informationen austauscht. Dieser innere Kreis ist in Sachen Verkauf der interessanteste Teil des Netzwerkes Ihres Kunden. Hier zeigt sich wieder der Vorteil einer klaren Strategie: Je konkreter Ihre Zielgruppe, desto größer ist die Chance, dass zum inneren Kreis des Netzwerkes Ihres Kunden Menschen gehören, die gleiche Probleme und Bedürfnisse haben. Ärzte reden mit Ärzten über neue Therapiemethoden, Taucher mit Tauchern über die schönsten Tauchreviere und Urlaubshotels, Hundebesitzer mit Hundebesitzern über die beste Hundepension usw. usw.

128

Selbst wenn der Kunde nicht sein gesamtes Netzwerk für Sie aktiviert, sollten Sie darüber nicht besonders traurig sein. Ein derart exponentielles Wachstum kann nämlich kein Betrieb verkraften. Es ist völlig ausreichend, wenn Ihnen jeder Kunde einen einzigen Neukunden liefert. Wie aber bringen Sie Ihre Kunden dazu, dass er sein persönliches Netzwerk aktiviert und Ihnen Kontakt zu potenziellen Neukunden verschafft? Die sanfteste Methode haben Sie auf den Seiten 54 bis 71 kennen gelernt: Sie schaffen es, Ihre Kunden durch exquisite Leistungen und hervorragenden Service so zu begeistern, dass ganz zwangsläufig über Sie geredet wird und das Neugeschäft automatisch und ohne weiteres Zutun angekurbelt wird.

Wie aktivieren Sie die Netzwerke Ihrer Kunden?

Die ganz harte Methode kann man sich bei den Strukturvertriebs-Profis abschauen. Die so genannte *1-Meter-Methode* zum Beispiel: Mit jedem Menschen, der mindestens einen Meter an Sie herankommt, versuchen Sie ins Geschäft zu kommen. Und wenn Ihnen das gelungen ist, quetschen Sie aus dem Kunden jeden Kontakt heraus, der ansatzweise für Sie interessant sein könnte. Das könnte dann in etwa so aussehen:

Harte Sitten im Strukturvertrieb

„Können Sie sich vorstellen, Herr Meier, dass andere Menschen aus Ihrem Bekanntenkreis auch Gefallen an dem XPF-5 haben könnten?"
„Ja, das ist vorstellbar."
„Fein. An wen denken Sie dabei?"
„Zum Beispiel an meinen Kollegen, Herrn Müller, und an ..." usw. usw.

Sodann greifen Sie zum Telefon und rufen an:
„Guten Tag, Herr Müller, hier spricht Jürgen Schmidt. Ich rufe auf Empfehlung Ihres Kollegen Paul Meier an."

„Hm."

„Herr Müller, ich habe von Herrn Meier gehört, dass Sie ein ausgezeichneter Hobbygärtner sind und selbst einen wunderbaren Garten besitzen."

„Ja, das stimmt!"

„Dann habe ich eine sehr interessante Information für Sie. Es geht um ein neuartiges Gartengerät, das Ihnen die Arbeit um mindestens 50 Prozent erleichtern wird. Ich würde Ihnen unseren XPF-5 gern einmal in der Praxis in Ihrem eigenen Garten vorführen. Wann passt es Ihnen besser – Montag oder Dienstag?" Und so weiter ...

Noch besser ist es natürlich – so wie es im Strukturvertrieb üblich ist –, dass Herr Meier selbst seinen Bekanntenkreis abklappert und eine Vorführung seines XPF-5 in seinem Garten arrangiert – gegen eine angemessene finanzielle/materielle Entlohnung, versteht sich.

Sog statt Druck

Doch diese materiell orientierten Empfehlungsmethoden, die letztlich auf Druck basieren, sollen - wie eingangs erwähnt – nicht weiter vertieft werden, zumal es einige Ratgeber zu diesem Thema gibt. Es ist besser, einen so starken Sog auf die Kunden auszuüben, dass diese ohne direktes Dazutun neue Kunden für Sie gewinnen.

Natürlich ist absolut nichts Ehrenrühriges daran, einen deutlich zufriedenen Kunden um eine Weiterempfehlung und/oder um eine Referenz zu bitten und diese dann als Türöffner zu benutzen. Ganz im Gegenteil: Wenn ein Kunde Ihnen einen begeisterten Brief schreibt, dann bitten Sie ihn um Erlaubnis, diesen als Referenz zu nutzen oder dieses Lob in Ihren Werbematerialien erwähnen zu dürfen. Wenn Ihnen ein Kunde überschwänglich dankt, bitten Sie ihn, dies doch noch einmal schriftlich zu tun.

Stichwort: Zielgruppenbesitzer

Haben Sie schon einmal den Friseur gewechselt, weil Ihr Lieblings-Coiffeur eine andere Stelle angenommen hat? Oder haben Sie einen Beratervertrag gekündigt, weil sich einer der Consultants selbstständig gemacht und Sie die Ehre haben, der erste Mandant der neu gegründeten Company zu sein? Dann wissen Sie, was ein Zielgruppenbesitzer ist: Jemand, der das Vertrauen eines bedeutenden Teils der Zielgruppe genießt, weil er in der Lage ist, ihr einen sehr hohen Nutzen zu bieten. Der Zielgruppenbesitzer ist die wichtigste Person für Netzwerk-Künstler, denn mit einem einzigen Kontakt haben Sie unter Umständen hunderte von potenziellen Neukunden gewonnen.

Ihr Ziel sollte es auf jeden Fall sein, selbst einmal Zielgruppenbesitzer zu werden – denn das ist heute die beste aller denkbaren Positionen. Es ist noch nicht allzu lange her, da galten die Kapital- und Produktionsmittelbesitzer als die mächtigsten Menschen: Als noch praktisch alle Güter knapp waren – zu Beginn der Industrialisierung und in der Nachkriegszeit –, hatten diejenigen die stärkste Machtposition, die genau für diesen Entwicklungsengpass die Lösung hatten: die Produzenten. Wer Geld und Maschinen besaß, war automatisch ein gemachter Mann. Heute ist es zwar hilfreich, über Kapital zu verfügen, aber noch lange keine Erfolgsgarantie. Denn nicht mehr das Angebot, sondern die Nachfrage ist heute der zentrale Engpass. Fast überall könnte mehr produziert werden, wenn es denn mehr Käufer gäbe. Ein gnadenloser Preis- und Verdrängungswettbewerb ist die Folge. Die Machtverhältnisse haben sich umgedreht: Wer die Nachfrage kontrolliert und Käufer aktivieren kann, hat das Sagen. So ist es kaum verwunderlich, dass heute immaterielle Werte wie Kundenbindung und Image bei Unternehmenskäufen höher eingeschätzt werden als Sachwerte. Häufig sind es nicht Produkte oder Markennamen, sondern Menschen, die Kundenbindung und Nachfragemacht auf sich vereinen – vor allem dann, wenn die Leistungen auf der Sachebene mehr oder weniger austauschbar sind. Vielleicht kennen Sie selbst so einen Fall: Der Star-Verkäufer wechselt die Firma und nimmt gleich seine wichtigsten Kunden mit. Die vertrauen nämlich darauf, dass er ihnen auch in Zukunft die beste Problemlösung bieten wird.

Fazit: Wenn Sie mit wenig Aufwand große Wirkung erzielen wollen, dann identifizieren Sie den Zielgruppenbesitzer und sorgen Sie dafür, dass er sich für Sie einsetzt.

Nutzen erhalten setzt Nutzen bieten voraus

Wenn Sie die Netzwerke anderer zur Neukundengewinnung nutzen wollen, sind die Zielgruppenbesitzer natürlich die besten und effektivsten Ansatzpunkte. Bevor Sie aber etwas von ihnen haben wollen (nämlich ihre Kontakte), machen Sie sich erst einmal Gedanken darüber, welchen Nutzen Sie ihnen und ihren Zielgruppen bieten können. Auch wenn Sie es nicht auf den Zielgruppenbesitzer, sondern „nur" auf die persönlichen Netzwerke Ihrer Kunden abgesehen haben, muss auch hier die erste Frage lauten: *Welchen Nutzen kann ich diesen Menschen versprechen, damit ich deren Kontakte nutzen kann?* Die sich direkt daran anschließende Frage lautet: *Welche Plattformen kann ich für diese Begegnungen schaffen?*

Begegnungsplattformen schaffen

Wenn Sie das Netzwerk Ihrer Kunden kennen lernen wollen, dann müssen Sie dafür die passenden Gelegenheiten bieten. Eine der beliebtesten Plattformen für solche Begegnungen sind zum Beispiel der *Tag der offenen Tür*, eine *Hausmesse*, ein *Sommerfest* oder eine *VIP-Veranstaltung* für besonders gute (sprich: umsatzträchtige) Kunden. Verabschieden Sie sich bitte von Einladungen, bei denen lediglich der Verkauf im Vordergrund steht. Wenn Sie erfolgreich mit solchen Veranstaltungen sind und Ihre Kunden Ihre Hausmesse oder Ihren Tag der offenen Tür lieben, weil es dort immer jede Menge Infos, Spaß und Unterhaltung gibt, bleiben Sie dabei und versuchen Sie, jedes Jahr wieder die Erwartungen Ihrer Kunden zu übertreffen.

Noch besser aber ist es, Ereignisse zu schaffen, bei denen nur die Interessen des Kunden und seiner Bekannten (Ihrer potenziellen Neukunden) im Vordergrund stehen.

Kundeninteressen sollten im Vordergrund stehen

Beispiel 1: Sie haben ein Fahrradgeschäft für Kinder. Laden Sie vor Beginn des neuen Schuljahres die Erstklässler zu einem Sicherheitstraining ein. Welchen Eltern liegt die Sicherheit ihrer Zöglinge nicht am Herzen? Und wer wird bei so einem Angebot nein sagen? Seien Sie kreativ und binden Sie die örtliche Polizei, die Schule und den Kindergarten, die Stadtverwaltung oder einen kommunalen Verband in diese Aktion ein. Von dort bekommen Sie Hilfe und Unterstützung zum Nulltarif. Ganz sicher ergibt sich „am Rande" der Veranstaltung, dass das eine oder andere Fahrrad nicht mehr verkehrstauglich ist und das Kind einen neuen Sturzhelm braucht. Vor allem aber bekommen Sie positive Mundpropaganda und neue Kundenkontakte. Sie werden Kontakt mit vielen Eltern haben – und wo die emotionalen Ströme fließen, da fließen auch irgendwann die Geldströme.

Beispiel Fahrradgeschäft

Beispiel 2: Sie sind ein Reiseveranstalter und sind auf Taucherreisen spezialisiert. Sie veranstalten einen Informationsabend, auf dem neue Tauchreviere und

Beispiel Reiseveranstalter

133

Ausrüstungen vorgestellt werden (in Kooperation mit einem Ausrüstungshersteller) und zu dem Sie Ihre Kunden und deren tauchinteressierte Freunde einladen. Durch ein Preisausschreiben kommen Sie an die Adressen der Teilnehmer.

Beispiel Gastronomie-
fachhandel

Beispiel 3: Sie sind Gastronomiefachhändler und laden Ihre Kunden zu einem Vortrag ein, bei dem es um Personalmotivation geht (oder über ein anderes Thema, das der Gastronomie und Hotellerie unter den Nägeln brennt).

Beispiel Kinderarzt

Beispiel 4: Sie sind Kinderarzt und haben gerade eine Praxis gegründet. Für die Eltern Ihrer Patienten bieten Sie einen Vortrag (ein Seminar, einen Gesprächskreis ...) zum Problem „Durchschlafprobleme" an.

Was können *Sie* tun? Wenn Sie Rechtsanwalt sind, laden Sie Ihre Mandanten und deren Bekannten zu einem Informationsabend über Erbschafts- oder Scheidungsrecht ein. Wenn Sie Bauunternehmer sind, informieren Sie Ihre Kunden über staatliche Förderung beim Hausausbau. Wenn Sie Elektriker sind, veranstalten Sie in Kooperation mit der örtlichen Kriminalpolizei einen Abend zum Thema „elektronische Wohnungs-/Haus-Sicherung" usw. usw.

Natürlich ist es am effektivsten, wenn man die potenziellen Neukunden persönlich in den eigenen Geschäftsräumen kennen lernt. Sie nehmen ihnen so die Schwellenängste vor der ersten Kontaktaufnahme. Andere Kommunikationsformen – das Telefon oder das Internet – eignen sich aber prinzipiell genau so für neue Kontakte. Richten Sie beispielsweise eine Hotline ein, unter der Ihre potenziellen Neukunden Informationen zu besonderen Themen einholen können, oder initiieren Sie einen Gesprächskreis via Internet.

Checkliste: Netzwerke nutzen für den Verkauf

▶ Welche Zielgruppenbesitzer kennen Sie, und wie können Sie diese motivieren, Ihnen ihre Netzwerke zur Verfügung zu stellen?

_____

_____

_____

_____

▶ Welche Multiplikatoren haben Einfluss auf Ihre Zielgruppe, und wie können Sie diese dazu bringen, positiv über Ihre Leistungen zu sprechen?

_____

_____

_____

_____

▸ Welche Plattformen können Sie Ihren Kunden bieten?

_____

_____

_____

_____

▸ An welchen Themen/Ereignissen sind Ihre Kunden besonders stark interessiert?

_____

_____

_____

_____

▸ Mit wem können Sie kooperieren, um Ihren Kunden und deren Freunden einen überzeugenden Nutzen zu bieten?

_____

_____

_____

_____

▶ Von welchen Kunden haben Sie bereits positive Referenzen bekommen und wie können Sie künftig diesen Prozess beschleunigen?

_____

_____

_____

_____

Das Wichtigste in Kürze

Die Kunst des Empfehlungsmarketings besteht darin, die persönlichen Netzwerke anderer zu nutzen.

Menschen helfen gern und geben gern gute Ratschläge.

Der beste Kooperationspartner unter Verkaufsgesichtspunkten ist der so genannte Zielgruppen-Besitzer.

Mit der richtigen Strategie können Sie höchst wirkungsvolle Kooperationen eingehen.

Stellen Sie Plattformen zur Verfügung, damit Ihre Kunden deren Netzwerke mit Ihnen in Verbindung bringen können.

So stellen Sie eine persönliche Beziehung zu Ihren Kunden und Partnern her

Das Kind beim Namen nennen: Relationship-Marketing

Je mehr Vertrauen Ihre Kunden in Ihre Leistungen investieren müssen, desto wichtiger ist es für Sie, persönliche Beziehungen zu Kunden, potenziellen Neukunden und Multiplikatoren aufzubauen. Die Kunst, über das berühmte „Vitamin B" (die Beziehungen) das Geschäft zu beleben, hat sogar schon einen schönen neuen Namen, der – wie üblich – aus Amerika kommt: Der neueste Schrei heißt „*Relationship-Marketing*": einfach ausgedrückt: die Kundenbindung und -findung über Beziehungen. Etwas wissenschaftlicher ausgedrückt: „*Relationship-Marketing umfasst die Auswahl und den Aufbau von Beziehungen (Beziehungsinitiierung), die Ausgestaltung und Erhaltung (Beziehungspflege), die Analyse der Erfolgswirksamkeit und des Erfolgspotenzials sowie die darauf abgerichtete Steuerung von Beziehungen (Beziehungs-Controlling).*" **

Das Einzige, was nicht kopierbar ist, sind die Beziehungen eines Unternehmens zu seinen Mitarbeitern und die die Beziehungen der Mitarbeiter zu den Kunden.

Klaus Kobjoll

** Uwe Specht, Relationship-Marketing.
In: Absatzwirtschaft 10/96

Nun könnte man meinen, dass die Fähigkeit, mit Menschen Kontakte knüpfen und pflegen zu können, etwas ist, das einigen in die Wiege gelegt wurde und anderen nicht. Es gibt eben die geborenen „Beziehungsmenschen", die auf jeder Party und in jeder Konferenz sofort im Mittelpunkt stehen, und dann gibt es welche, die erst nach einer Anlaufzeit mit anderen „warm" werden. Doch nicht jeder will sich in dieses vermeintliche Schicksal fügen und manch einer nimmt sich vor, das Knüpfen und Pflegen von Beziehungen zu erlernen. Und weil sich mittlerweile herumgesprochen hat, wie wichtig die persönliche Kommunikationsfähigkeit für den geschäftlichen Erfolg ist, erleben wir seit den 80er Jahren in der Weiterbildungsszene einen wahren Boom von Kommunikationstrainings, allen voran das *Neurolinguistische Programmieren (NLP)*.

Kommunikations-
trainings boomen

Was lernt man dort? Unter anderem erwirbt man die Fähigkeit, die Kommunikationsmuster anderer Menschen zu entschlüsseln. Ist dies geschehen, kann man sich über die Wahl der richtigen Gesprächsform und die richtigen Verhaltensweisen einen leichten Zugang zum anderen verschaffen und kann ihn dann – so zumindest liegt es im Bereich des Möglichen – den eigenen Wünschen entsprechend manipulieren. Kein Wunder, dass sich NLP besonders im Vertriebsbereich größter Beliebtheit erfreut: Erst wird der Kunde auf der Gefühlsebene eingelullt und dann auf einer Woge des Wohlbefindens, sicher am Haken des NLP-Masters hängend, sanft zum Kaufabschluss befördert: Erst wird „Rapport" hergestellt, dann wird „geankert" und schließlich die Unterschrift unter den Kaufvertrag gesetzt.

Manipulative
Verkaufsgespräche
mit NLP

Es sei hier betont, dass NLP – je nach Zielsetzung seines Anwenders – ein sehr vernünftiges, wirksames und sinnvolles Werkzeug ist. Leider ist aber auch festzustellen, dass es hierzulande gern als Machtinstrument missbraucht wird.

Selbsttäuschung statt Wahrheit

Eine überaus treffende Analyse zum NLP-Boom hat *Christian Geyer* in der *Frankfurter Allgemeine* geliefert: *,,Der Ehrgeiz, die Menschen für die Belange von Wirtschaft und Verwaltung zu optimieren, führt immer mehr Unternehmen ins Gruselkabinett von Richard Bandler und John Grinder. Die beiden, ein Mathematiker und ein Linguistikprofessor, haben in Amerika das Neurolinguistische Programmieren erfunden, das unter der Abkürzung NLP zunehmend auch hierzulande die Mitarbeiterseminare füllt.''* Was soll mit NLP erreicht werden? Laut Geyer, *,,dass vom Individuum, dem ungeteilten Wesen, am Ende nur noch Brösel übrig bleiben. Es soll sich nämlich zur (Kunden-)Welt nicht länger als knorriges Gegenüber verhalten dürfen, sondern in die Lage versetzt werden, eine gleichsam symbiotische Beziehung mit allem und jedem einzugehen, was ihm vor die Nase kommt. Die herkömmliche Bedingung sozialen Handelns, sich in die Rolle des anderen zu versetzen, wird hier auf bizarre Weise wörtlich genommen. (...) So mutiert das Mängelwesen Mensch zu einer Figur für jede Jahreszeit, die nicht mehr ist als die Summe ihrer beliebig verstellbaren Psychoteile. (...) Was NLP nicht vorsieht, ist ein ehrliches Gespräch. Die Kategorie des Ehrlichen soll ja gerade zum Verschwinden gebracht werden. ,,Nicht auf Wahrheit kommt es an, sondern darauf, bei sich und anderen nützliche Selbsttäuschungen zu schaffen''*, lautet Geyers deprimierendes Resümee.

Psychotraining ist unnötig

Dabei braucht man im Grunde gar keine ausgefeilte Kommunikationstechnik und kein Psychotraining, um mit anderen – und speziell den Kunden – ins Gespräch zu kommen. Beispiel: Im ICE sitzen sich zwei sehr unterschiedliche Herren gegenüber: Der eine, circa 60 Jahre alt, ist im typischen Business-Look höchst edel gekleidet. Eine sehr teure Uhr und seine Aktenmappe verraten, dass er normalerweise wohl in den Vorstandsetagen der deutschen Wirtschaft zu Hause ist. Der andere ist nicht einmal halb so alt, lässig-schlampig gekleidet, er trägt einen Ring im linken Nasenflügel und würde sich, dem Äußeren nach zu urteilen, wohl eher in einer Techno-Disco wohlfühlen. Zwei Männer, die außer der Tatsache, dass sie im selben Zugabteil sitzen, nicht viel miteinander gemeinsam zu haben scheinen. Doch da zieht der junge Mann plötzlich eine Taucher-Fachzeitschrift aus der Tasche und vertieft sich in seine Lektüre. Sobald der ältere Herr bemerkt, was sein Gegenüber liest, wartet er nur auf den ersten Blickkontakt, um ein Gespräch anfangen zu können. Binnen fünf Minuten sind die beiden in eine angeregte Unterhaltung über Tauchreviere, Ausrüstungen und Meeresfauna vertieft.

Was ist hier passiert? Man hat eine gemeinsame Ebene gefunden, auf der man sich begegnen konnte - nämlich das Tauchen. Alle anderen Rahmenbedingungen, Interessen und Weltanschauungen spielen plötzlich keine Rolle mehr. Wo zunächst ein Beziehungsaufbau nahezu unmöglich schien, gab es plötzlich eine wunderbare Gemeinsamkeit und die Gelegenheit, eine Beziehung aufzunehmen. Das Tauchen interessierte beide Herren offenbar brennend – und schon war es die normalste Sache der Welt, eine Beziehung aufzunehmen.

Gemeinsamkeiten verbinden

Was hier spontan und natürlich geschah, kann man auch ganz bewusst einsetzen: Die beste und unaufdringlichste Art, eine Beziehung und ein Gespräch aufzunehmen besteht darin, über Gemeinsamkeiten

Über Gemeinsamkeiten bewusst Beziehungen herstellen

141

zu sprechen. Jeder kennt sicherlich die Situation, Gast auf einer Party zu sein, auf der man niemanden kennt. Der Karriere-Experte Jürgen Lürssen empfiehlt dann Folgendes: Alle Eingeladenen haben eines gemeinsam: Sie stehen in irgend einer Beziehung zum Gastgeber. Ein nahe liegender Einstieg ins Gespräch ist daher: „Und was verbindet Sie mit unserem Gastgeber?" Will man jemanden kennen lernen, von dem man schon weiß, dass er anwesend sein wird, so sollte man im Vorfeld versuchen, etwas über ihn zu erfahren: „Ich habe gehört, Sie haben auch …" ist dann eine geeignete Gesprächseröffnung. Am besten stelle man dann Fragen zur Person, denn die meisten Menschen reden außergewöhnlich gern über sich selbst – und finden denjenigen, der sie fragt, auch noch sympathisch.

Mit der richtigen Strategie zu Gemeinsamkeiten

Auch hier wird wieder deutlich, wie wichtig eine richtige Strategie, sprich die Konzentration auf eine klar definierte Zielgruppe und deren Probleme, für das Herstellen einer Beziehung ist. Der Grund dafür: Die Bereitschaft eines potenziellen Kunden, mit Ihnen ins Gespräch zu kommen, wird umso größer sein, je größer der Nutzen ist, den Sie ihm bieten können. Jeder Mensch ist primär an Dingen interessiert, die ihn persönlich vorwärts bringen. Je besser Sie die Probleme Ihrer Zielgruppe kennen und je überzeugender die Lösung ist, die Sie ihm verkaufen wollen, desto leichter ist es, Kontakte zu knüpfen und miteinander ins Gespräch zu kommen. Denn Sie und Ihr Kunde haben dann ein ganz besonderes gemeinsames Interesse:

► Ihr potenzieller Kunde ist daran interessiert, dass eines seiner Probleme gelöst wird, sprich: dass es ihm persönlich besser geht.

▶ Sie selbst haben ein Interesse daran, dieses Problem zu lösen, Neues über den Kunden und seine Wünsche zu erfahren und letztlich Umsatz mit ihm zu machen.

Fazit: Resonanz zwischen zwei Menschen entsteht immer dann, wenn man Gemeinsamkeiten feststellt – seien es berufliche, familiäre oder sonstige Dinge. Wer einmal in der gleichen Firma gearbeitet hat wie der andere, das gleiche Buch gelesen oder am selben Urlaubsort war, hat sofort einen Anknüpfungspunkt und eine Beziehungsebene.

Welche Voraussetzungen sind außerdem günstig für das Zustandekommen einer Beziehung?

Beziehungsfördernde Faktoren

Absichtslosigkeit.

Wer nur den Umsatz und die Provision im Kopf hat, kann keine ehrliche Beziehung aufbauen. Die soziale Beziehung muss im Mittelpunkt stehen. Nur so kann die Sympathie und das Vertrauen entstehen, das man für eine gute Geschäftsbeziehung und gegebenenfalls eine Referenz benötigt. Die meisten Menschen haben ein sicheres Gespür dafür, ob jemand nur oberflächliches Interesse zeigt und eine Schleimspur legt, damit der Umsatz stimmt. Rein profitorientierte Beziehungsversuche gehen schnell nach hinten los: Der potenzielle Kunde sucht sich lieber jemanden, der es ehrlicher mit ihm meint. Und je größer seine Ausweichmöglichkeiten sind (sprich: je höher Ihr Wettbewerbsdruck ist), desto leichter wird ihm das fallen.

Die soziale Beziehung muss im Mittelpunkt stehen

Nicht sich selbst, sondern den anderen in den Mittelpunkt stellen.

Alle Menschen eint das Grundbedürfnis nach Anerkennung und Aufmerksamkeit. Erinnern Sie

Zollen Sie Aufmerksamkeit

143

sich daran, dass sich verhaltensauffällige Kinder nichts anderes wünschen, als wahrgenommen zu werden. Wenn sie die Aufmerksamkeit schon nicht in Form von Liebe bekommen, dann doch wenigstens durch Schläge. Das ist ihnen immer noch lieber, als ignoriert zu werden. Darum: Zollen Sie dem anderen Aufmerksamkeit und verwechseln Sie das bitte nicht mit Aufdringlichkeit! Ein Kunde, der einen Laden betritt, sollte freundlich begrüßt werden. Man muss sich nicht ununterbrochen an seine Fersen heften und ihn mit ungebetenen Ratschlägen traktieren. Wenn er es wünscht – gern. Aber nur dann! Denn jeder Mensch verfügt über das dafür notwendige Einfühlungsvermögen. Und wer nicht in der Lage ist, die nonverbalen Signale anderer Menschen zu deuten, sollte entweder systematisch üben oder sich einen Beruf aussuchen, in dem diese Fähigkeit nicht gefragt ist.

Ebenso selbstverständlich sollte es sein, dass das Telefon nach dem dritten Klingeln abgehoben wird, dass der Anrufer nicht in endlosen Warteschleifen hängt („Ihr Anruf ist uns wichtig – please hold the line!") und mit Dudelmusik belämmert wird. Wenn ein Kunde etwas wünscht, dann sind Aktivitäten wie Regale einräumen, Rechnungen schreiben, Kaffee kochen und anderes unwichtig. Es macht keinen Sinn, dem Kunden (oder demjenigen, zu dem Sie eine Beziehung aufbauen möchten) zunächst lang und breit zu erzählen, was Sie für ihn tun können und über welch wunderbare Eigenschaften Ihr XPF-555 verfügt! Hören Sie erst einmal zu. Nehmen Sie Ihre eigenen Interessen zurück und machen Sie sich ein Bild von den Wünschen und Bedürfnissen Ihres Gegenübers.

Vermeiden Sie Pauschalurteile.

Sehr viele Menschen sind Weltmeister im Bewerten (und leider auch im Abwerten) von anderen. Ein kurzer Blick genügt, und schon ist eine passende Schublade gefunden, in die wir den anderen stecken können. Weiße Socken? Ein hoffnungsloser Hinterwäldler! Porschefahrer? Offensichtlich Probleme mit dem Selbstwertgefühl! Handy-Benutzer? Ein Wichtigtuer! Und so weiter und so fort. Die Fähigkeit, innerhalb von Sekundenbruchteilen einen anderen einzuschätzen, haben wir noch aus der Steinzeit behalten. Früher war es überlebenswichtig, innerhalb kürzester Zeit einschätzen zu können, ob vom anderen Gefahr droht oder nicht. Das Sprichwort: „Einen ersten Eindruck kann man nur einmal machen", bringt es auf den Punkt: Wir alle lassen uns nur allzu gern vom Erstkontakt beeindrucken. Neurophysiologen haben herausgefunden, dass insbesondere der Gesichtsausdruck ausschlaggebend für diesen ersten Eindruck ist und das dieser nicht so einfach zu revidieren ist. Natürlich verschaffen sich immer beide Beziehungs-Partner einen „ersten Eindruck" und entscheiden dann zunächst unabhängig voneinander, ob aus dem Erstkontakt eine Geschäftsbeziehung wird und ob diese dann langfristig Bestand haben wird. Wenn Sie einem potenziellen Kunden gegenüberstehen, den Sie aus welchem Grund auch immer tief in ihrem Innersten nicht leiden können, dann haben Sie normalerweise zwei Möglichkeiten:

Entweder, Sie verzichten auf den Kunden, weil die Chemie nicht stimmt, oder Sie ignorieren Ihre inneren Widerstände, verbiegen sich etwas und machen um des lieben Umsatzes willen gute Miene zum bösen Spiel. Bevor Sie eine der beiden Varianten wählen, versuchen Sie es noch mit einer dritten

Möglichkeit: Versuchen Sie herauszufinden, woher Ihr Unwohlsein rührt.

Gefühle sind ein Spiegel

Bedenken Sie: Oft sind die Eigenschaften, die einen anderen für uns unsympathisch machen, genau die Eigenschaften, die wir an uns selbst nicht mögen. Auf der anderen Seite bewundern wir andere Menschen für Dinge, die wir selbst gern hätten. Unsere Gefühle, die wir anderen gegenüber hegen, halten uns also nur einen Spiegel vor, in dem wir uns selbst sehen.

Bewundern Sie Ihren besten Freund dafür, dass er auch komplizierteste technische Probleme im Handumdrehen löst? Hätten Sie vielleicht selbst gern diese Fähigkeit? Beneiden Sie einen Geschäftspartner um die Gabe, vor hunderten von Menschen witzige und brilliante Reden halten zu können? Und wünschen Sie sich selbst manchmal, das Gleiche tun zu können? Dann kennen Sie vielleicht auch die Kehrseite der Medaille: Ist Ihnen schon einmal jemand schrecklich auf die Nerven gegangen, weil er ununterbrochen geredet hat? Vielleicht wollten Sie in diesem Moment selbst gern reden. Haben Sie schon einmal jemanden abgelehnt, weil er arrogant und unnahbar auf Sie wirkte? Dann prüfen Sie einmal ganz ehrlich, ob es vielleicht sein könnte, dass Sie sich von dieser Person insgeheim Aufmerksamkeit und Zuneigung gewünscht haben. So sehen wir in anderen und vor allem in den Gefühlen, die wir anderen gegenüber hegen, immer auch uns selbst und unsere eigenen Gefühle. Vor diesem Hintergrund fällt es leichter, den anderen einfach so anzunehmen, wie er ist. Und hat man erst einmal aufgehört, andere stets bewerten und mit Etiketten versehen zu müssen, dann fällt es auf einmal auch gar nicht schwer, eine ganz normale Beziehung zu ihm aufzubauen.

„Du sollst deinen Nächsten lieben wie dich selbst" ist eine Forderung, die schon in der Bibel erhoben wird. Manche Sprachwissenschaftler halten dies für eine nicht ganz korrekte Übersetzung: „Du sollst dich selbst lieben, und deinen Nächsten wie Dich selbst" lautet demnach der Originaltext. Das macht Sinn: Denn derjenige, der sich selbst mit allen Höhen und Tiefen annimmt und mit sich selbst in Einklang steht, kann auch andere annehmen, ohne sie zu überhöhen oder abzuwerten.

Auch der schrecklichste Mensch hat positive Eigenschaften – man muss sich nur die Chance einräumen, diese auch zu entdecken. Doch je mehr man auf Umsatz und Gewinn fixiert ist, je mehr man an den eigenen Vorteil denkt und daran, welchen Nutzen man aus dem anderen ziehen kann, desto schlechter wird das gelingen.

Geben Sie anderen eine Chance

Grundsätzlich gilt: Sie können andere Menschen nicht verändern – vor allem nicht durch Ablehnung und Kritik. Sie können allerdings blitzschnell *Ihre* Einstellung gegenüber anderen verändern. Probieren Sie es einmal – es ist nicht so schwer, wie man annimmt.

Die oberste Grundregel im Beziehungsaufbau lautet: authentisch sein! Wenn die sprichwörtliche Chemie nicht stimmt, wenn Sie jemanden völlig ablehnen oder unsympathisch finden, macht es wenig Sinn, um jeden Preis eine Beziehung aufzubauen, nur damit unterm Strich der Umsatz stimmt oder damit eine wichtige „Connection" aufgebaut wird. Andererseits lohnt sich immer ein zweiter Blick, selbst wenn man der Meinung ist, man „könne überhaupt nicht" mit dem anderen.

Die oberste Grundregel: Seien Sie authentisch

Fazit:

▶ Vergessen Sie zunächst einmal das Verkaufen, sondern überlegen Sie erst einmal, inwiefern Ihre Leistungen demjenigen, zu dem Sie eine Beziehung aufbauen wollen, einen Nutzen bieten können

▶ Wenn Sie irgendwelche Bedenken oder Blockaden haben, die Ihnen das Verkaufen erschweren, stellen Sie sich zwei Fragen:

1. Gehört der potenzielle Kunde tatsächlich zu meiner erfolgversprechendsten Zielgruppe, mit anderen Worten: Kann ich ihm wirklich einen sehr großen Nutzen mit meiner Leistung bieten?

2. Stimmt irgendetwas nicht an meiner Leistung, mit anderen Worten: Wie muss ich gegebenenfalls meine Leistung verbessern, damit ich selbst uneingeschränkt das Gefühl habe, dem potenziellen Kunden eine einwandfreie Leistung zu bieten, die ihm von großem Nutzen ist?

In dem aus dem Jahr 1937 stammenden Bestseller „Wie man Freunde gewinnt" von *Dale Carnegie* kann man nachlesen, wie man Beziehungen zu Kunden aufbaut:

▶ Kritisieren, verurteilen und klagen Sie nicht (Auch nicht in Gedanken)!
▶ Geben Sie ehrliche und aufrichtige Anerkennung (und keine billigen Schmeicheleien)!
▶ Interessieren Sie sich aufrichtig für andere!
▶ Seien Sie ein guter Zuhörer!
▶ Versuchen Sie ehrlich, die Dinge vom Standpunkt des andern aus zu sehen!

Wenn Sie all das beherzigen, wird es Ihnen leicht fallen, mit anderen Beziehungen aufzubauen und ein echter Netzwerk-Magier zu werden. Viel Spaß!

Checkliste: Beziehungen aufbauen

Zu welchen Menschen möchte ich eine Beziehung aufbauen?

_____

_____

_____

_____

Welchen Nutzen erhoffe ich mir aus diesem Kontakt?

_____

_____

_____

_____

Welchen Nutzen kann ich demjenigen bieten, mit dem ich Kontakt aufnehmen will?

_____

_____

_____

_____

Welche gemeinsamen Interessen verbinden uns?

_____

_____

_____

_____

Welche gemeinsamen Bekannte/Ereignisse/Erleb-
nisse verbinden uns?

_____

_____

_____

_____

Was hindert mich daran, Kontakt aufzunehmen?

_____

_____

_____

_____

Wie kann ich dieses Hindernis aus der Welt schaffen?

_____

_____

_____

_____

Das Wichtigste in Kürze:

Wenn Ihre Kunden sehr viel vertrauen in Ihre Leistungen investieren müssen, ist es sehr wichtig, persönliche Beziehungen aufbauen zu können.

Es fällt immer dann sehr leicht, eine Beziehung aufzubauen, wenn Gemeinsamkeiten vorhanden sind.

Vergessen Sie zunächst Ihre eigenen, materiellen Motive und stellen Sie den Nutzen für den anderen in den Vordergrund.

Hören Sie auf, andere zu bewerten. Das erleichtert den Aufbau einer Beziehung.

Empfehlungsmarketing für Wissensunternehmer

Kapital des Wissensunternehmers ist Wissen, Know-how und Problemlösungsfähigkeit

Was ist ein Wissensunternehmer? Das ist jemand, dessen größtes und wichtigstes Kapital zwischen den Ohren sitzt: sein Wissen, sein Know-how und seine Problemlösungsfähigkeiten. Leben Sie von Ihrem Fachwissen, Ihrer persönlichen und sozialen Kompetenz? Sind Ihr Know-how, Ihre Erfahrungen und Ihre Problemlösungsfähigkeiten Ihr größtes Kapital? Dann sind Sie ein so genannter Wissensunternehmer: Dazu zählen die klassischen Freiberufler wie Juristen, Steuerberater, Anwälte, Ärzte, Ingenieure oder Architekten und die wachsende Zahl von Know-how-Experten wie Berater, Trainer, Softwareentwickler, Multi-Media- und IT-Spezialisten, Projektmanager, Journalisten und so weiter und so weiter.

Glaubt man den Experten, dann gehört den Wissensunternehmern die Zukunft: Wissensmanagement, Wissensgesellschaft ... an jeder Ecke wird zurzeit propagiert, dass Wissen der Erfolgsfaktor schlechthin ist. Und wer mag da schon widersprechen? Schließlich ist Wissen gleichbedeutend mit Macht! Dieser Spruch wird fälschlicherweise dem britischen Sozialphilosophen Francis Bacon zugeschrieben. Doch der hätte sich wohlweislich gehütet, einen derart platten Unsinn zu verbreiten. Denn leider stimmt die Gleichung „Wissen ist Macht" nur in wenigen Fällen – ansonsten wären Professoren die mächtigsten Menschen in unserem Staate. Und auch die Heerscharen arbeitsloser Akademiker, die heute Taxi fahren oder sich per Zeitarbeit über Wasser halten, wird man kaum für besonders mächtig halten.

Nur Wissen, das auf besonders dringende Probleme und Engpässe gerichtet ist, macht wirklich mächtig. Wenn Sie über herausragende, ungewöhnliche Problemlösungsfähigkeiten verfügen, sind Sie so attraktiv, dass Sie Ihre Arbeitsbedingungen diktieren können.

Warum Empfehlungsmarketing für Wissensunternehmer besonders wichtig ist

Wissensunternehmer tun sich im Vergleich zu Anbietern von physischen Produkten sehr viel schwerer, ihre Leistungen zu vermarkten. Expertenwissen lässt sich in aller Regel nicht anfassen, anschauen oder ansehen. In ein Auto kann man sich hineinsetzen und kann es Probe fahren. Hat man das mit diversen Modellen getan, kann man nach Prüfung aller weiteren relevanten Daten (Leistung, Verbrauch, Preis, Finanzierungsbedingungen) eine gute und sichere Entscheidung treffen. Bei Wissensunternehmern ist das normalerweise sehr schwierig bis unmöglich. Zum Beispiel bei Rechtsanwälten: Stellen Sie sich vor, Sie haben ein schwieriges Rechtsproblem. Wie sollen Sie herausfinden, welcher Anwalt für Sie der richtige ist? Hundertprozentige Sicherheit haben Sie erst dann, wenn das Problem gelöst und der Prozess überstanden ist – doch dann ist es vielleicht zu spät. Eine zweite Chance bekommen Sie nicht.

Ähnlich ist es, wenn Sie eine Schönheitsoperation planen, Ihre Mitarbeiter am Telefon trainieren oder Ihre Geschäftsprozesse optimieren lassen wollen: Erst am Ergebnis können Sie messen, ob Ihre Wahl die richtige war. Wenn Sie Glück und genügend Budget haben, können Sie mit einem neuen Partner einen zweiten Versuch unternehmen – wenn nicht, kann das fatale Folgen haben.

Expertenwissen braucht Empfehlungsmarketing

153

Generell gilt: Bei Wissensunternehmern sind Tests entweder unmöglich oder mit hohen Folgekosten verbunden. Anders ausgedrückt: Für den Kunden ist es nahezu unmöglich, Markttransparenz herzustellen.

Für Wissensunternehmer wie Ärzte, Anwälte, Psychotherapeuten oder Unternehmensberater ist es daher typisch, dass sie ihre Kunden in hohem Maße über Empfehlungen durch Mundpropaganda gewinnen. Weniger erfolgreich für die Gewinnung von Neukunden sind aller Erfahrung nach die klassischen Werbemethoden wie Anzeigen oder Mailings – zur Förderung des Bekanntheitsgrades kann das unter Umständen sinnvoll sein, doch einen Kunden, der ansonsten nichts von Ihnen weiß, werden Sie damit kaum erreichen können.

Die größten Engpässe bei der Vermarktung von Wissensunternehmern sind das Vertrauen und die Sicherheit: Der potenzielle Kunde braucht das Gefühl, dass er die richtige Wahl getroffen hat. Neudeutsch nennt man dies die Kunst des „Signalling" – es gilt, dem Kunden durch geeignete Maßnahmen zu signalisieren, dass er bei Ihnen genau richtig ist. Dieses Gefühl können Sie ihm über drei probate Wege geben:

► über die richtige Strategie
► über die Materialisierung Ihres Wissens
► über Empfehlungen und Referenzen.

1. Strategie

Gerade bei Wissensunternehmern ist eine gute Spezialisierung der Königsweg zur Empfehlung. Leider ist gerade bei diesen Menschen noch erstaunlich häufig die Meinung vertreten, ein möglichst breites Wissen (sprich: Leistungsspektrum) sei die sicherste Grundlage einer erfolgreichen Existenzsicherung. Denn das wird uns ja schon in der Schule eingetrichtert: Wer viel weiß und alles kann, ist der Beste! In der eher realitätsfernen Schule mag so etwas funktionieren – im wirklichen Leben ist mit dieser Strategie eher wenig anzufangen. Denn schon vor tausend Jahren konnte man nicht alle Wissensgebiete beherrschen – und heute, wo sich das Wissen alle paar Jahre verdoppelt, erst recht nicht. Selbst Gebiete, die gemeinhin schon als „Spezialisierung" gelten, sind derart ausgeufert, dass eine einzelne Person sie unmöglich in allen Nuancen bis zur Spitzenklasse beherrschen kann. In der Chirurgie beispielsweise (die schon als Spezialgebiet in der Medizin gilt) gibt es heute Spezialisten für Herztransplantationen, für plastische Chirurgie (mit Unter-Spezialisierungen für Nase, Brust, Ohren, Augen ...), für Handoperationen und so weiter und so fort. Ähnlich ist es bei den Unternehmensberatern, in den Rechtswissenschaften oder bei Wirtschaftsprüfern: Kein Mensch ist heute mehr in der Lage, solche riesigen Wissensgebiete in allen Details erfassen und beherrschen zu können – geschweige denn, dort eine führende Rolle zu spielen. Das wissen natürlich auch Ihre Kunden: Ein Wissensunternehmer mit einem breiten Einsatzgebiet ist unglaubwürdig. Eine gute Spezialisierung signalisiert dem Kunden, dass Sie etwas von Ihrem Fach verstehen – sie ist die Basis für eine Empfehlung. Einer der wichtigsten „Nebeneffekte" der Spezialisierung sind die Lerngewinne. Diese sind bei wissensintensiven Leistungen naturgemäß besonders groß. Für alle Wissensunternehmer und für alle Unternehmen, die Know-how-intensive Leistungen und Produkte anbieten, ist die Spezialisierung höchst erfolgreich, und zwar besonders dann, wenn man sich

a) auf bestimmte Probleme und

b) auf eine Zielgruppe konzentriert.

Und da es ja Probleme ohne Ende gibt, gibt es gleichzeitig Spezialisierungsmöglichkeiten ohne Ende. Wie Sie Ihr Spezialgebiet finden, entnehmen Sie bitte Kapitel 2.

Durch materialisiertes Know-how bei potenziellen Kunden Vertrauen schaffen

2. Wissen multiplizieren und materialisieren

Das Einkommen von Wissensunternehmern hängt praktisch immer vom eigenen Arbeitseinsatz ab: Arbeitet man viel, verdient man viel – fährt man vier Wochen in den Urlaub, ist Ebbe in der Kasse. Ein Ausweg liegt darin, immaterielles Wissen in materielle, multiplizierbare Produkte umzuwandeln und damit vom eigenen Einsatz unabhängig zu machen. Dies kann in Form von Büchern, Software, Lizenzen, Patenten, Beratungstools oder Franchisekonzepten geschehen. Diese Materialisierung hat einen weiteren Vorteil: Sie erlaubt Ihren Kunden so etwas wie ein „geistiges Probefahren", ohne sich mit Ihnen persönlich auseinander setzen zu müssen. So kann auch auf diesem Wege Vertrauen und Sicherheit erzeugt werden.

Wichtigste Empfehler für Wissensunternehmer: Zielgruppenbesitzer und Multiplikatoren

3. Referenzen und Empfehlungen

Da der Markt für Wissensunternehmer in höchstem Maße intransparent ist, funktioniert er in ganz hohem Maße über Empfehlungen. Ihr potenzieller Kunde wird umso mehr Vertrauen in Sie und Ihre Leistungen stecken, je größer das Vertrauensverhältnis zu demjenigen ist, der Ihre Leistungen empfiehlt. Die wichtigste Zielgruppe für Wissensunternehmer sind daher immer die Zielgruppenbesitzer und Multiplikatoren: Hier kann man mit einem einzigen Kontakt den Zugang zu dutzenden, manchmal hunderten oder tausenden von Kunden gewinnen. Solche Multiplikatoren-Netzwerke bedürfen natürlich einer exquisiten Beziehungspflege, bei der Sie stets darauf achten müssen, dass Geben und Nehmen im Gleichgewicht sind.

Große Signalwirkung haben immer Referenzen: Bei jeder Beratungsgesellschaft gehört es beispielsweise zum guten Ton, eine lange Liste von Top-100-Unternehmen auf der Kundenliste zu führen. Doch die Welt besteht nicht nur aus Top-100-Unternehmen. Und mittlerweile neigen sich auch die Zeiten dem Ende zu, in denen allein das „Name-Dropping" ausreichte, um Vertrauen herzustellen.

Referenzen sind nach der Empfehlung der zweitbeste Weg, um Vertrauen aufzubauen. Gerade bei Wissensunternehmen ist es essenziell wichtig, Ergebnis und Wirkung des eigenen Tuns nachvollziehbar zu machen. Nicht wie Sie arbeiten, ist für den Kunden von Interesse (das versteht er in der Regel ohnehin nicht), sondern was Sie bewirken. Wenn auch das Ihrer Arbeit zugrunde liegende Wissen nicht sichtbar ist, so ist es doch in fast allen Fällen das Ergebnis: Der Architekt kann seine Häuser zeigen, der Schönheitschirurg seine Vorher-Nachher-Bilder, der Berater für Facility-Management seine Kosteneinsparungen. Selbst wenn Ihre Arbeit nur aus Immateriellem besteht (wenn Sie beispielsweise Kommunikationstrainer sind), so wird sich letztlich immer eine Ebene finden, auf der Ihre Arbeit ihre Wirkung zeigt. Geben Sie Ihren Kunden und Ihren Empfehlern die Gelegenheit, den anderen die Qualität Ihrer Arbeit zu beweisen, indem Sie überzeugende Referenzen schaffen.

Überzeugende Referenzen beweisen die Qualität Ihrer Arbeit

Referenzen müssen stets auf die Wirkung Ihrer Arbeit abzielen

157

Checkliste: Empfehlungsmarketing für Wissensunternehmer

► Ich/wir sind Spezialist für:

_____

_____

_____

_____

► Diese Problemlösungen sind besonders empfehlenswert:

_____

_____

_____

_____

► Meine wichtigsten Multiplikatoren und Zielgruppenbesitzer sind:

_____

_____

_____

_____

► Folgende Referenzen dokumentieren am besten die Wirkung meiner Arbeit:

_____

_____

_____

_____

► Auf folgenden Wegen kann ich mein immateriellen Know-how materialisieren und multiplizierbar machen:

_____

_____

_____

_____

Das Wichtigste in Kürze:

Der Markt für Wissensunternehmer ist in höchstem Maße intransparent. Aus diesem Grund müssen Sie signalisieren, dass Ihr potenzieller Kunde Vertrauen in Sie und in Ihre Leistungen haben kann.

Gute Spezialisierung signalisiert dem Kunden, dass Sie etwas von Ihrem Fach verstehen – sie ist die Basis für eine Empfehlung. Allrounder werden in Zeiten des explodierenden Weltwissens zunehmend unglaubwürdig.

Die Materialisierung Ihres Know-hows macht Sie einerseits unabhängig von Ihrem eigenen Engpass, der Zeit – andererseits erlaubt es Ihren potenziellen Kunden, sich mit Ihren Leistungen vertraut zu machen, ohne persönlichen Kontakt aufzunehmen.

Empfehlungen und Referenzen sind ein Muss im Marketing von Wissensunternehmern. Referenzen müssen stets auf die Wirkung Ihrer Arbeit abzielen und weniger auf die Art und Weise, wie diese Ergebnisse zustande kommen.

Die Pflege von Beziehungen zu Zielgruppenbesitzern und Multiplikatoren ist von höchster Wichtigkeit, wobei Geben und Nehmen stets im Gleichgewicht bleiben müssen.

Zum Schluss

Liebe Leserin und lieber Leser

vielen Dank, dass Sie dieses Buch gekauft haben! Wenn es Ihre Erwartungen übertroffen und Ihnen einen echten Nutzen geboten hat, dann lassen Sie Ihre Freunde daran teilhaben und empfehlen Sie es weiter.

Sind Sie durch dieses Buch motiviert worden, Empfehlungsmarketing systematisch in Ihrem Unternehmen einzusetzen? Dann gehen Sie umgehend ans Werk! Über Ihre Ergebnisse oder Erfahrungen mit Empfehlungsmarketing würde ich gern von Ihnen hören. Außerdem gilt selbstverständlich: Ihre Meinung zu diesem Buch ist hoch willkommen! Bitte schreiben Sie mir oder rufen Sie mich an, auch wenn Sie mehr zum Thema Strategie oder Empfehlungsmarketing hören möchten.

Dr. Kerstin Friedrich
Vor dem Hagen 7
27243 Dünsen
Telefon 04244-95346 oder 0172-4203091
e-mail: friedrich@darwin-strategie.de

Stichwortverzeichnis

Literaturtipps

Zum Thema Strategie für Spitzenleistungen

Kenneth Blanchard, Sheldon Bowles:
Wie man Kunden begeistert Reinbek (Rowohlt),
1994 (Original: Raving Fans, New York 1993)

Kerstin Friedrich:
Erfolgreich durch Spezialisierung. München
(Redline Wirtschaft), 2003

Kerstin Friedrich, Lothar J. Seiwert:
Das neuen 1x1 der Erfolgsstrategie, Prinzipien
und Phasen der Engpass-konzentrierten Strategie
(EKS). 9. Auflage Offenbach (GABAL-Verlag),
2002

Wolfgang Mewes:
Kybernetische Managementlehre (EKS).
Frankfurt/M. (Mewes-Verlag), 1972

Wolfgang Mewes:
Die EKS-Strategie, Fernlehrgang. Frankfurt/M.
(Frankfurter Allgemeine Zeitung GmbH
Informationsdienste), 1991

Wolfgang Mewes, Kerstin Friedrich:
EKS-Unternehmensstrategie. 2 Bände.
Frankfurt/M. (Frankfurter Allgemeine Zeitung
GmbH Informationsdienste), 1995

Hermann Simon:
Die heimlichen Gewinner. Frankfurt/M. (Campus
Verlag), 1996

Zum Thema Empfehlungen/Reklamationsmanagement

Bernd Stauss, Wolfgang Seidel:
   Beschwerdemanagement. München (Carl Hanser Verlag), 1995

Richard Whiteley:
   Ihr Kunde ist der Boss. Freiburg (Haufe), 1995

Jerry R. Wilson:
   Mund-zu-Mund-Marketing. Landsberg (verlag moderne industrie), 1991

Terry G. Vavra:
   Aftermarketing. How to Keep Customers for Life through Relationship-Marketing. Chicago (Irwin Professional Publishing), 1995

Edgar K. Geffroy:
   Das einzige was stört, ist der Kunde. Landsberg (verlag moderne industrie), 1994

Edgar K. Geffroy:
   Clienting. Landsberg (verlag moderne industrie), 1995

Günter Greff:
   Telefonverkauf mit noch mehr Power. Wiesbaden (Gabler), 1996

Michael LeBoeuf:
   How to Win Customers and Keep Them for Life. New York (Berkeley Books), 1989

Zum Thema Beziehungsaufbau/Netzwerke

Dale Carnegie:
  Wie man Freunde gewinnt. München (Scherz),
  1981

Ivan R. Misner:
  Marketing zum Nulltarif. Landsberg (verlag
  moderne industrie), 1999

Richard Poe:
  Wave 3 – The New Era in Network Marketing.
  Rocklin (Prima Publishing), 1995

Venda Raye-Johnson:
  Beziehungen aufbauen (Originaltitel: Effective
  Networking). Wien (Ueberreuther), 1990